AF397009

# PRÉCIS

# D'ÉCONOMIE POLITIQUE

## ET DE MORALE

PAR

## G. DE MOLINARI

CORRESPONDANT DE L'INSTITUT

RÉDACTEUR EN CHEF DU « JOURNAL DES ÉCONOMISTES »

PARIS

## LIBRAIRIE GUILLAUMIN ET Cie

Éditeurs du Journal des Économistes, de la Collection des principaux Économistes,
du Dictionnaire de l'Économie politique,
du Dictionnaire du Commerce et de la Navigation

RUE RICHELIEU, 14

1893

*Tous droits réservés.*

# PRÉCIS D'ÉCONOMIE POLITIQUE

## ET DE MORALE

## DU MÊME AUTEUR

**Études économiques.** L'organisation de la liberté industrielle et l'abolition de l'esclavage. 1 vol. in-18. 1846, Paris, Capelle..... 2 fr. »

**Les Soirées de la Rue Saint-Lazare.** Entretiens sur les lois économiques et défense de la propriété 1 vol. gr. in-18. 1849, Paris, Guillaumin et Cie............................................ 3 fr. 50

**Les Révolutions et le Despotisme,** envisagés au point de vue des intérêts matériels. 1 vol. in-18. 1852, Bruxelles, Meline, Cans et Cie............. ...................................................... 2 fr. »

**L'Abbé de Saint-Pierre,** sa vie et ses œuvres, 1 vol. gr. in-18. 1857, Paris, Guillaumin et Cie.......................................... 2 fr. »

**De l'Enseignement obligatoire.** Discussion entre M. G. de Molinari et M. Frederic Passy. 1 vol. gr. in-18. 1859, Paris, Guillaumin et Cie...... ............. .. .... ... .. ..... 3 fr. 50

**Napoléon III publiciste,** Analyse et appreciation de ses œuvres. 1 v. gr. in-18. 1861, Bruxelles, A. Lacroix, Van Meeren et Cie.... 3 fr. »

**Cours d'économie politique** fait au musée royal de l'Industrie belge, 2e edition. 2 vol. in-8º. 1863, Bruxelles, A. Lacroix, Verboeckhoven et Cie; Paris, Guillaumin et Cie.......................................... 12 fr. »

**Questions d'Economie politique et de Droit public.** 2 vol. 1861, mêmes editeurs...................................................... 10 fr. »

**Les Clubs rouges pendant le Siège de Paris.** 1 vol. gr. in-18 1871, Paris, Garnier freres................................... 3 fr. 50

**Le Mouvement socialiste et les Reunions socialistes avant le 4 Septembre 1870,** suivi de la Pacification des rapports du capital et du travail. 1 v. gr. in-18. 1872, Paris, Garnier freres. 3 fr. 50

**La République tempérée.** Brochure in-8º. 1873, mêmes editeurs ....................... ..................... .. 2 fr. »

**Lettres sur les Etats-Unis et le Canada,** adressees au *Journal des Debats,* a l'occasion de l'Exposition universelle de Philadelphie. 1 vol. gr. in-18. 1876, Paris, Hachette et Cie................... 3 fr. 50

**Lettres sur la Russie,** 2e edition. 1 vol. gr. in-18. 1877, Paris, Dentu...................................................... 3 fr. 50

**La Rue des Nations.** Visites aux sections etrangères de l'Exposition universelle de 1878, 1 vol. gr. in-18. Paris, Maurice Dreyfous.. 3 fr. »

**L'Irlande, le Canada, Jersey.** Lettres adressees au *Journal des Debats* 1 vol. gr. in-18. 1881, Dentu.................................... 3 fr. 50

**L'Evolution économique du XIXe Siecle.** Theorie du progrès. 1 vol. in-8º. 1884, Paris, C. Reinwald................... 6 fr. »

**L'Evolution politique et la Révolution.** 1 vol. in-8º. 1884, Paris, C. Reinwald...................................................... 7 fr. 50

**Au Canada et aux Montagnes Rocheuses. En Russie. En Corse.** A l'Exposition universelle d'Anvers. 1 vol. gr. in-18. 1886, C. Reinwald...................................................... 3 fr. 50

**Conversations sur le Commerce des Grains et la Protection de l'Agriculture.** Nouvelle edition. 1 vol. gr. in-18. 1886, Paris. Guillaumin et Cie...................................................... 3 fr. »

**A Panama.** L'Isthme de Panama, la Martinique, Haïti. 1 vol. gr. in-18. 1887, mêmes editeurs.................................... 2 fr. »

**Les Lois naturelles de l'Economie politique.** 1 vol. gr. in-18. 1887, mêmes editeurs...................................................... 3 fr. 50

**La Morale économique.** 1 vol. gr. in-8º. 1888, mêmes editeurs. 7 fr. 50

**Notions fondamentales d'Economie politique et Programme économique,** 1 vol. in-8º. 1891, mêmes editeurs............... 7 fr. 50

**Religion.** 2e edition. 1 vol. in-18. 1892, mêmes editeurs........ 3 fr. 50

# PRÉCIS

# D'ÉCONOMIE POLITIQUE

# ET DE MORALE

PAR

## G. DE MOLINARI

CORRESPONDANT DE L'INSTITUT
RÉDACTEUR EN CHEF DU « JOURNAL DES ÉCONOMISTES »

—⋈—

## PARIS

### LIBRAIRIE GUILLAUMIN ET Cie

Éditeurs du Journal des Économistes, de la Collection des principaux Économistes,
du Dictionnaire de l'Économie politique,
du Dictionnaire du Commerce et de la Navigation

RUE RICHELIEU, 14

—

1893



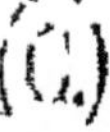

En écrivant ce Précis, nous avons voulu résumer et mettre à la portée de la généralité des lecteurs les notions d'économie politique et de morale que nous avons exposées dans nos précédents ouvrages. Nous avons essayé de les rendre aussi claires que possible, et nous aurons atteint le but que nous avons eu en vue si nous avons réussi à démontrer que le progrès économique demeure stérile s'il n'est pas accompagné du progrès moral.

# I

# L'ÉCONOMIE GÉNÉRALE DE LA NATURE

# PRÉCIS D'ÉCONOMIE POLITIQUE

## ET DE MORALE

---

## CHAPITRE PREMIER

### L'économie générale de la nature.

Que toutes les espèces vivantes remplissent une fonction utile. —
En quoi consistent les espèces. — Qu'elles ne peuvent remplir la
fonction qui leur est assignée qu'à la condition de se conserver et
de se multiplier. — Qu'elles se conservent et se multiplient sous
l'impulsion du mobile de la peine et du plaisir. — Comment ce
mobile agit. — Que toutes les espèces doivent travailler pour se
procurer les matériaux nécessaires à la conservation de leurs
forces vitales. — Que cette dépense est en raison directe de l'élévation de l'espèce. — Que la fécondité de l'espèce est en raison
inverse de sa dépense de travail. — Comment la nature maintient
l'équilibre entre les espèces. — La concurrence vitale et son opération. — Qu'elle conserve dans chaque espèce les individus les
plus forts et règle la reproduction de l'espèce dans la proportion
utile. — Que ce mécanisme de conservation et d'ordre a pour moteur
la sensation de la peine et du plaisir, de laquelle procèdent les
lois de l'économie de la force et de la concurrence.

---

On peut poser en principe que toutes les espèces
vivantes, végétales ou animales, remplissent dans le
plan de la création une fonction utile; que chacune
a été créée, organisée et outillée en vue de la remplir.

Mais d'abord qu'est-ce qu'une espèce? En quoi

consiste-t-elle? De quels éléments est-elle composée? Une espèce consiste en un nombre plus ou moins considérable d'individus composés des mêmes matériaux, investis des mêmes forces vitales, construits sur le même plan : comme les machines ou les outils façonnés par l'homme, les individus de chaque espèce sont des machines ou des outils façonnés par la nature, sur le même modèle, et ne présentant dans leur structure et leur apparence que des différences qui ne les empêchent pas d'accomplir la même œuvre ou de concourir au même but utile.

Cette œuvre elles ne peuvent l'accomplir, ce but elles ne peuvent l'atteindre qu'à la condition de se conserver et de se multiplier.

L'agent dont la nature se sert pour conserver et multiplier l'universalité des individus qui constituent des espèces vivantes, c'est le mobile de la peine et du plaisir.

Toute déperdition des matériaux et des forces nécessaires à la conservation de la vitalité d'un individu détermine une souffrance, toute acquisition de ces matériaux et forces détermine une jouissance. Nous disons des matériaux et forces nécessaires. En effet, de même que l'individu souffre de l'insuffisance de ses forces vitales, il souffre encore de leur surabondance, et il jouit aussi bien lorsqu'il se débarrasse de l'excédent que lorsqu'il comble le déficit.

Mais, telle est l'ordonnance des choses, que l'individu, quelle que soit l'espèce à laquelle il appartient, est obligé de faire préalablement une dépense de ses forces vitales pour les conserver ou les renouveler et les accroître. Il est obligé de travailler. Son travail peut être plus ou moins ardu et compliqué, selon la nature des forces qu'il s'agit d'entretenir : il se borne dans les espèces inférieures à la recherche de la subsistance, et à mesure que l'espèce s'élève dans l'échelle de la vitalité, il exige une dépense de forces plus considérable. La recherche de la subsistance, par exemple, exige chez les espèces carnivores une dépense de forces plus grande pour découvrir et atteindre une proie mobile, que chez les espèces herbivores qui trouvent dans le milieu où elles sont établies une proie attachée au sol.

Les espèces inférieures n'ont donc à exécuter qu'un minimum de travail, à dépenser préalablement que la plus faible quantité de forces pour acquérir la subsistance nécessaire à l'entretien de leur vitalité. Autrement dit, il leur suffit d'un minimum de dépense pour obtenir un maximum de forces vitales. Elles acquièrent ainsi un excédent, dont l'accumulation leur causerait une souffrance progressive, si la nature ne lui avait fourni une issue dans la reproduction.

La reproduction est d'autant plus abondante que l'excédent est plus considérable. Les espèces sont d'autant plus fécondes que la conservation de leurs

forces vitales exige un travail moindre : c'est au
bas de l'échelle animale, où cette dépense préalable
est la plus faible, que la fécondité est la plus exubé-
rante ; elle va diminuant de degré en degré, à mesure que la dépense s'accroît, elle descend au minimum au haut de l'échelle animale, parmi les
espèces qui sont obligées d'employer un maximum
de forces au soin de leur défense ou à l'acquisition
de leur subsistance.

Dans le plan de la nature, tel qu'il se révèle à nos
regards, toutes les espèces vivent aux dépens les
unes des autres : les végétaux s'assimilent les matériaux du sol et de l'atmosphère, les animaux inférieurs se nourrissent de végétaux, les animaux supérieurs subsistent soit des végétaux, soit des espèces
animales inférieures.

C'est par ce procédé brutal, mais selon toute apparence nécessaire, étant données les conditions de la
production et de la conservation de la vie sur notre
globe, que la nature maintient l'équilibre entre les
espèces, empêche leur dégénérescence, et élimine les
moins utiles au profit des plus utiles.

Chaque espèce trouve sa subsistance aux dépens
d'une ou de plusieurs espèces inférieures, et elle est
à son tour la proie d'une ou de plusieurs espèces
supérieures. De là, les phénomènes caractéristiques
de la concurrence vitale.

Lorsque la subsistance d'une espèce est abondante,

tous les individus de cette espèce, les faibles comme les forts, trouvent à s'alimenter aisément, sans avoir besoin de faire une grande dépense de forces pour la recherche des matériaux de leur alimentation; ils ont alors un excédent considérable de forces vitales applicable à leur reproduction. Ils se multiplient rapidement, et, pour nous servir de l'expression de Malthus, pressent sur la subsistance. Dans cette situation, la concurrence vitale se développe entre eux, les plus faibles ne parviennent pas à surmonter les obstacles qu'ils rencontrent dans la recherche d'une subsistance devenue plus rare, ils périssent; les plus forts seuls demeurent, et se reproduisent, en prévenant ainsi l'affaiblissement et la dégénérescence de l'espèce.

Les plus forts subsistent encore sous l'influence d'une autre cause : comme l'espèce à laquelle ils appartiennent sert communément de subsistance à une espèce supérieure, ils parviennent plus aisément que les faibles à se dérober à ses atteintes.

Mais la concurrence vitale n'a pas seulement pour résultat de conserver les forts, c'est-à-dire les plus aptes à perpétuer l'espèce, elle a encore pour effet de maintenir un équilibre nécessaire entre les différentes espèces, d'empêcher la diminution et l'extinction des unes, et la multiplication excessive des autres.

Lorsqu'une espèce est en voie de multiplication,

celle qui s'alimente à ses dépens trouve plus facilement, avec une moindre dépense de forces, sa subsistance ; elle peut donc en appliquer un excédent plus
considérable à sa propre reproduction. Elle augmente
rapidement en nombre.

Alors qu'arrive-t-il ?

Il se produit deux phénomènes consécutifs qui
aboutissent au maintien de l'équilibre entre les deux
espèces. Le premier de ces phénomènes, c'est un
ralentissement de la multiplication de l'espèce-proie,
par le fait de l'augmentation de celle qu'elle sert à
alimenter : exposée à un risque croissant, elle est
obligée de dépenser une somme croissante de forces
pour se dérober à ce risque ; sa multiplication se
trouve en conséquence ralentie ; il peut · arriver,
même, qu'elle diminue en nombre. Mais ce ralentissement qui aboutirait, s'il ne s'arrêtait point, à
l'extinction de l'espèce, n'est que temporaire. A
mesure que sa multiplication se ralentit, l'espèce
qu'elle alimente et qui s'est multipliée en raison de
l'accroissement de sa subsistance, éprouve plus de
difficultés à se nourrir : les individus les plus faibles
n'y parviennent pas, et les plus forts eux-mêmes
sont obligés de se livrer à un travail plus persistant
pour y parvenir, ils n'ont plus qu'un moindre excédent applicable à la reproduction. Leur multiplication
se ralentit donc à son tour, le nombre de leurs
bouches à nourrir diminue. Le risque de destruction

de l'espèce-proie s'abaisse en proportion de cette diminution, et elle y pourvoit avec une moindre dépense de forces; elle recommence à se multiplier d'un mouvement plus rapide, jusqu'à ce que son augmentation numérique provoque de nouveau celle de l'espèce qu'elle alimente.

C'est ainsi que la nature arrive à cette double fin : faire subsister dans chaque espèce les individus les plus forts, les plus capables de la conserver, et garder intacte l'immense chaîne des espèces, en maintenant la population de chacune au chiffre nécessaire pour remplir la fonction qui lui est assignée.

Le mécanisme de cette économie de la nature a pour premier moteur la sensation de peine ou de souffrance que détermine toute déperdition des forces nécessaires à la conservation de la vie, et la sensation de plaisir ou de jouissance que cause toute acquisition utile à l'organisme vital ainsi que toute expulsion de l'excédent inutile.

Mais la vie ne peut se conserver dans la multitude des organismes qu'elle anime, qu'à la condition que les forces vitales soient incessamment renouvelées — et elles ne peuvent l'être que par une dépense préalable de ces mêmes forces, — dépense impliquant une souffrance. De là, la loi de l'économie des forces, à laquelle obéissent d'instinct tous les êtres pourvus de vie, et qui les pousse, sous l'impulsion du mobile de la peine et du plaisir, à chercher et à employer les procédés ou les méthodes de travail qui leur procurent la plus grande somme possible de forces réparatrices en échange de la moindre dépense.

De là encore la loi de la concurrence, qui n'est qu'un corollaire de la loi de l'économie des forces, en ce qu'elle conserve les individus les plus forts, c'est-à-dire les plus capables d'entretenir et de développer leurs forces vitales en échange de la moindre dépense, tout en limitant le contingent utile de chaque espèce,

L'économie des forces, ou le principe de la moindre action, ainsi défini par Leibnitz : *Inutile fit per plura quod fieri potest per pauciora*, telle est, en dernière analyse, la loi qui préside au fonctionnement des espèces dans l'œuvre que la nature leur a assignée et qui est leur raison d'être.

# CHAPITRE II

## Le gouvernement des espèces inferieures.

Besoins limités des espèces végétales et animales. — Comment elles y pourvoient. — Instincts et sentiments naturels qu'elles mettent en œuvre. — L'instinct de l'appropriation. — Le sentiment de la paternité. — Qu'il leur suffit d'exercer leur activité sous l'impulsion de leurs instincts pour pourvoir à leur subsistance. — Que la nature se charge d'assurer leur conservation et de régler leur multiplication — Qu'elles ne sont pas libres de désobéir à la nature — Que c'est l'homme qui, en asservissant les animaux, leur a donné la notion de la liberté et fait naître chez eux le sentiment du devoir — Comment. — En premier lieu, en se chargeant de pourvoir à leurs besoins, d'assurer leur sécurité et de régler leur multiplication. — En second lieu, en leur imposant un emploi nouveau de leur activité, et en les soumettant a une discipline appropriée à cet emploi — De la une lutte entre leurs anciennes habitudes et les nouvelles — Qu'ils se sont pliés a celles-ci par la crainte du châtiment et l'espoir des récompenses — Mais en comprenant qu'ils étaient libres de choisir entre l'impulsion naturelle de leurs instincts et l'obéissance à la « loi » du maître. — Qu'ils ont acquis ainsi les rudiments de la liberté et du sentiment du devoir.

Tout en se chargeant d'assurer la conservation des espèces inférieures et de régler leur multiplication, la nature les a pourvues, à des degrés divers, des instincts, des sentiments, de l'intelligence, ainsi que des armes et des outils qui leur sont nécessaires pour se conserver et se multiplier.

Cette tâche que la nature leur impose est simple, la sphère de leur activité est étroite : se nourrir, se reproduire, se défendre contre les espèces auxquelles

elles servent de pâture, s'abriter contre les intempéries, voilà à quoi se réduisent les besoins de toutes les espèces végétales et animales, l'espèce humaine mise à part. Encore le besoin de s'abriter, en se construisant des nids, des terriers ou d'autres installations, n'existe-t-il que chez les espèces supérieures. Enfin ces besoins peu nombreux sont invariables : ni les végétaux, ni les animaux, depuis que nous les observons, n'ont amélioré leur alimentation ou rendu leurs abris plus confortables.

Comment y pourvoient-ils? En mettant en œuvre, sous l'impulsion du mobile de la peine et du plaisir, les facultés et les instruments naturels dont ils sont munis. La faculté, ou l'instinct de l'appropriation, apparaît en première ligne, avec une puissance d'action plus ou moins étendue. Tandis que cet instinct est borné chez les espèces inférieures au moment même où elles s'emparent de leur nourriture, pour la consommer immédiatement en totalité, il s'étend chez les espèces supérieures à la portion qu'elles réservent pour les besoins à venir. Chez quelques-unes, l'instinct de l'appropriation s'étend à la région qu'elles ont découverte et explorée, dans les limites qu'elles jugent nécessaires à leur alimentation, et elles ne souffrent pas que des concurrents à la recherche de la subsistance viennent s'y établir. En agissant ainsi, les appropriateurs et les occupants d'un domaine alimentaire obéissent inconsciemment à la loi de l'économie des forces, partant à l'intérêt de la conservation de l'espèce. Car si deux familles de mésanges, par exemple, s'établissaient dans une localité qui n'en peut nourrir qu'une seule, elles l'épuiseraient et finiraient par périr, tandis que si la subsistance disponible n'est point partagée elle demeurera suffisante pour nourrir la famille appropriatrice [1].

L'instinct de l'appropriation assure la conservation de l'individu; l'instinct de la reproduction auquel se joint le sentiment de la paternité assure la continuité de l'espèce. A l'état embryonnaire chez

---

[1] Si l'on observe attentivement les faits, on ne tarde pas à reconnaître que les oiseaux, comme toutes les espèces animales, trouvent un frein à leur propagation dans les moyens de subsistance. — On constatera bientôt, en effet, que dans une circonscription determinée, il n'y a jamais pour une même espèce qu'un nombre de couples qui n'est jamais depassé. Les oiseaux, auxquels on n'accorde cependant pas une très forte dose d'intelligence, sont donc doués d'une certaine somme de prevoyance. . Notre attention a ete appelee sur ce sujet par une circonstance fortuite Nous habitions, il y a une trentaine d'années, une maison avec jardin et verger où, chaque année, au printemps, venaient nicher beaucoup de passereaux, les uns migrateurs, les autres sédentaires Parmi ces derniers, il y avait deux couples de mesanges charbonnieres qui, comme on sait, sont tres prolifiques. Aussi, en automne, une légion de jeunes mesanges exploraient constamment nos arbres Comme cette espece fait une guerre tres active aux insectes, dans le but de favoriser sa multiplication nous fimes placer partout des nids artificiels, espérant qu'ils seraient bientôt occupés par de nombreux couples de mesanges

Mais, a notre grand desappointement et a notre non moins grande surprise, celles ci ne vinrent pas les occuper; au printemps suivant nous constatâmes, comme precedemment, la presence de deux couples de mésanges. Il en fut de même les années suivantes

C'est ce qui nous suggéra l'idée d'observer la manière dont s'effec-

les espèces inférieures, le sentiment de la paternité apparaît à des degrés divers de développement chez les espèces supérieures ; il est mesuré de manière à pourvoir, dans chacune, à la conservation de la progéniture jusqu'à ce qu'elle soit en état d'y subvenir elle-même. Viennent enfin, chez le plus grand nombre des espèces, l'instinct de l'association et l'adaptation des individus aux fonctions qu'ils sont destinés à y remplir.

Ces instincts et ces sentiments sont les forces motrices qui déterminent, avec l'auxiliaire de forces secondaires et subordonnées, telles que la combativité et la ruse, les actes des espèces inférieures. Elles agissent impérieusement sans laisser à l'individu la

tuait la reproduction des autres espèces vivant dans les mêmes conditions que nos mésanges. La propriété formant un vaste enclos entouré de murailles, il était facile de faire le dénombrement des couples qui s'y donnaient rendez-vous pour se reproduire. La surveillance ne présentait aucune difficulté, et aucune précaution n'était négligée pour empêcher la destruction des nids. Parmi les espèces qui fréquentaient la propriété nous citerons, indépendamment des mésanges, les rossignols, les fauvettes, le rouge-queue, le pinson, l'étourneau, le merle, les hirondelles, etc. Eh bien, pour toutes, indistinctement, la loi énoncée ci-dessus s'est vérifiée constamment, et nos observations ont été poursuivies pendant une vingtaine d'années Pour chaque espèce, le nombre des couples était marqué par un chiffre qui n'a jamais été dépassé, mais qui parfois a pu ne pas être atteint, parce que les oiseaux, comme les autres animaux, sont exposés à être détruits par diverses causes

..Ainsi donc, dans une circonscription déterminée, *aussi longtemps que les conditions d'existence resteront les mêmes*, on ne trouvera jamais qu'un certain nombre de couples de chaque espèce. Il y a une limite qui ne sera jamais franchie.

(G. Fouquet. *Journal de la Société agricole de l'Est de la Belgique et Journal des Économistes*. Février 1890.)

liberté de se soustraire à leur action ni de la régler. Elles peuvent se trouver en conflit, mais, dans la lutte à laquelle elles se livrent, la victoire demeure invariablement à la plus forte. Le sentiment de la paternité, par exemple, est généralement plus développé chez la femelle que chez le mâle. La femelle expose sa vie et la sacrifie au besoin pour défendre ses petits, tandis que le mâle les abandonne fréquemment pour se soustraire lui-même au péril. Mais cette différence de conduite est déterminée uniquement par l'inégalité du pouvoir des instincts en conflit. Ni la femelle, ni le mâle, ne sont libres, l'un d'affronter le danger, l'autre de s'y dérober. L'animal est, pour tout dire, l'esclave irresponsable de la nature.

A cet égard. on ne peut signaler aucun progrès chez les animaux à tort qualifiés de libres, qui vivent à l'état sauvage. Les espèces se sont modifiées et perfectionnées, sans doute, depuis que la vie s'est produite sur notre globe. Celles qui existent actuellement possèdent un organisme plus complet et plus parfait que leurs devancières des époques primitives. Celles-ci ne sont que des ébauches grossières en comparaison, et nous ignorons encore comment la nature s'y est prise, soit pour les perfectionner, soit pour les remplacer. Mais les espèces actuelles remplissent la même tâche que leurs devancières : elles sont soumises, comme l'étaient les espèces primitives, à la nécessité de se nourrir, de s'abriter et de se défendre, et elles pourvoient, de même, à cette nécessité, en mettant en œuvre les forces et les instruments dont la nature les a munies sans leur laisser la liberté d'agir autrement qu'elle ne le leur commande.

C'est l'homme qui, en enlevant quelques espèces supérieures de l'animalité au gouvernement de la nature pour les soumettre au sien, et en changeant leurs conditions d'existence avec les objets de leur activité, leur a donné la notion de la liberté et fait naître chez elles un sentiment moral, régulateur de leurs appétits et de leurs actes : le sentiment du devoir.

En premier lieu, l'homme a supplanté la nature dans l'office de la conservation et de la multiplication des espèces qu'il s'est assujetties. C'est lui qui se charge de conserver les espèces domestiques et de régler, selon ses besoins et ses convenances, leur multiplication. En supposant que le chien, le cheval, l'âne, le bœuf, le mouton lui deviennent inutiles, ou qu'il trouve dans les espèces encore à l'état sauvage des serviteurs ou des aliments plus à sa convenance, il cessera de pourvoir à leur conservation et à leur multiplication : ces espèces, placées aujourd'hui sous son gouvernement et sa protection, disparaîtront de notre globe ou retourneront à l'état sauvage.

En second lieu, en s'emparant de certaines espèces

d'animaux, l'homme a complètement changé les objets de leur activité. Tandis que l'animal à l'état sauvage remplit une fonction que nous ignorons, mais qui l'oblige à pourvoir à sa subsistance et à ses autres besoins, l'animal domestique est appliqué à des fonctions ou à une destination que l'homme lui assigne, en le débarrassant des soins que la nature laissait à sa charge. A certains égards, sa condition se trouve améliorée : il est exonéré du travail d'acquisition de sa subsistance, et du travail non moins pénible de sa défense ; en outre, après avoir été essentiellement précaire, l'une et l'autre sont désormais assurées. En revanche, l'homme impose à quelques-uns de ses animaux domestiques des travaux rudes et prolongés, quoiqu'il s'abstienne, généralement, dans son propre intérêt, d'abuser de leurs forces ; il sacrifie les autres après leur avoir procuré, pendant une période plus ou moins longue, la joie de vivre, et il les soumet tous à une discipline.

La tâche qui lui est imposée, l'animal la remplit, la discipline à laquelle il est soumis, il l'observe, sous l'influence de la crainte d'être châtié, et, si le maître est intelligent et bon, avec l'espoir d'être récompensé quand il a bien travaillé et fidèlement obéi. Mais cette tâche et cette discipline artificielles, ses instincts et ses sentiments primitifs ne lui commandent point de s'y assujettir ; ils l'excitent au contraire à s'y dérober. D'abord, les instincts l'emportent, l'animal se refuse au travail et à la règle, ensuite la crainte du châtiment et l'appât des récompenses viennent à bout de ses résistances. Il se soumet, mais en sachant qu'il peut résister. C'est ainsi qu'en passant de l'esclavage de la nature à celui de l'homme, il acquiert la notion de la liberté. Il acquiert aussi le sentiment du devoir. Car il sait qu'il doit remplir une certaine tâche et observer une certaine règle, en dépit des excitations contraires de ses instincts et de ses appétits, et cette conscience de l'obligation qui lui est imposée, et à laquelle il ne peut se soustraire sans s'exposer à une peine supérieure à la jouissance qu'il éprouverait en s'y soustrayant, l'excite à mettre ce qu'il possède de force morale au service de ce qu'il sait être son devoir. Cette force se développe en lui par l'exercice, et elle devient le pouvoir régulateur de sa conduite [1].

A l'état sauvage, l'animal est gouverné par la na-

[1] Ce qu'il y a de plus curieux dans l'exploitation des écuries de la Birmanie c'est le rôle qu'y jouent les éléphants. On les y emploie à toutes sortes de travaux, la plupart du temps sans cornac : l'intelligente bête connaît sa besogne et n'a besoin de personne pour la lui montrer.

Dès que le son de la cloche annonce l'heure du travail, l'éléphant se présente sur le chantier en même temps que l'ouvrier S'agit il d'emporter d'énormes poutres de teck? Il s'en acquitte immédiatement et, de la trompe et des pieds, les fait rouler jusqu'à l'endroit indiqué Faut-il transporter des planches d'un point à un autre? Il les saisit avec sa trompe, les place en équilibre sur ses défenses, et s'en va ainsi les aligner à leur place dans l'ordre le plus correct. S'il doit passer par une porte trop étroite, pour sa longue pièce de bois portée en travers, aussitôt arrivé au passage il la tourne sans s'arrêter, de façon qu'elle se présente en longueur, et défile sans

ture. A l'état de domesticité, il est gouverné par l'homme, mais il acquiert, dans quelque mesure, la capacité de se gouverner lui-même.

accrocher. On demeurerait des journées entières à regarder ces lourds ouvriers agir avec tant de légèreté, tant d'adresse, tant de véritable intelligence, faire de leur force pesante un emploi si souple et si preste.

(ÉMILE CHABRAND *De Barcelonnette au Mexique*, p. 86.)

# CHAPITRE III

## Le gouvernement de l'espèce humaine.

Que l'espèce humaine obeit comme les espèces inférieures au mobile de la peine et du plaisir — Différences dans l'application de cette loi. — Facultés supérieures et besoins plus nombreux de l'espèce humaine. — Que la supériorité de ses facultes lui permet d'augmenter ses moyens de subsistance. — Qu'elle possede la faculté de *produire*, tandis que les especes inférieures n'ont que celle de *détruire*. — Qu'il suffit à celles-ci de suivre l'impulsion de leurs instincts. — Qu'il en est de même des tribus sauvages qui vivent, comme les especes inférieures, de la chasse et de la recherche des fruits naturels du sol — Que cet état de choses a été changé lorsqu'un progrès économique a substitué l'industrie productive de la culture du sol aux industries destructives des temps primitifs. — Que ce progrès a ouvert la voie à la civilisation. — Comment il a été réalisé. — Que le sentiment religieux a été l'agent nécessaire de son application — Que les inventions qui ont constitué le progrès économique ont été attribuées aux Divinités et que leur application a été commandée par elles — Que cette application, en changeant les conditions d'existence des sociétés, a nécessité la série de progrès qui appartiennent au domaine de la morale — Qu'il a fallu reconnaître, delimiter et assurer les droits et les devoirs de chacun des membres des societes. — Que les lois nécessitées par le progres économique se heurtaient comme ce progrès même à des instincts qu'il fallait maitriser. — Que la force necessaire pour assurer l'observation des lois a été puisée dans le sentiment religieux. — Que la connaissance du mecanisme de la production et de ses moteurs est l'objet de l'Economie politique. — Que celle des règles de conduite ou des lois que les individus doivent suivre dans l'interêt de l'espece est l'objet de la Morale. — Objectif immédiat et objectif ultérieur de ces deux sciences.

Nous ne connaissons pas plus la destination de l'espèce humaine que celle des espèces inférieures, végétales et animales, mais nous savons qu'elle

obéit comme elles au mobile de la peine et du plaisir ; que toute dépense ou déperdition des forces
nécessaires à la conservation de la vie des individus
dont elle se compose leur cause une sensation de
souffrance, et toute acquisition une sensation de
jouissance ; d'où il suit qu'ils s'appliquent, inconsciemment ou consciemment, à acquérir un maximum
de forces vitales ou de pouvoirs réparateurs de leurs
forces vitales, en échange d'un minimum de dépense,
que ceux qui en augmentent la somme au plus haut
degré, les plus forts, l'emportent sur les autres
et survivent, en assurant ainsi la conservation et le
développement le plus utile de l'espèce, et, par là
même, l'accomplissement de la tâche qui lui est
assignée dans l'ordre universel.

Mais il y a, dans l'application de cette loi aux
espèces inférieures et à l'espèce humaine, des différences essentielles et qui proviennent, selon toute
apparence, de la différence de leur destination.

Toutes les espèces sont obligées de travailler pour
subvenir à l'entretien de leur vitalité, mais, chez
les espèces inférieures, cette vitalité est simple et
n'implique que la satisfaction d'un nombre limité de
besoins, toujours les mêmes. L'espèce humaine possède des forces vitales plus nombreuses et diverses
que celles des espèces inférieures, et les besoins qui y
répondent, sont, de même, plus nombreux et divers.

Les besoins que nécessitent la conservation et le

développement de la vitalité physique, besoins de se nourrir et de s'abriter contre les intempéries, eux et leur progéniture, besoin de se défendre contre les autres espèces et contre la leur, sont communs aux hommes et aux animaux; mais, chez les animaux, cette satisfaction n'exige qu'un petit nombre d'articles de consommation et ne comporte aucun progrès; chez l'homme, elle en exige un grand nombre, et ses exigences vont croissant avec les moyens d'y pourvoir. L'homme est omnivore, tandis que la plupart des végétaux et des animaux ne peuvent consommer qu'un nombre restreint d'aliments adaptés à leur nature et à leur conformation; il éprouve, en outre, le besoin de varier son alimentation et de l'approprier à son goût en lui faisant subir une préparation. Comme un grand nombre d'animaux, il a besoin d'un abri, et cet abri, le goût du bien-être et le sentiment du beau dont il est pourvu, l'excitent à l'améliorer; il a, de plus que les animaux, le besoin de se vêtir, et il s'applique, sous les mêmes impulsions, à embellir ses vêtements et à les rendre plus confortables. Il a besoin de se défendre, et il est obligé de suppléer à l'insuffisance de ses armes naturelles par un armement artificiel. Il possède enfin toute une catégorie de forces vitales, dont les animaux n'ont que le germe ou même qui lui sont propres, et auxquelles correspondent des besoins encore plus extensibles que ceux de la conservation et du développement de son être physique. Son être moral composé de facultés plus nombreuses et étendues que celles des animaux comprend, avec la « causalité » qui le pousse à chercher la cause des phénomènes qui se produisent dans le milieu où il vit et en lui-même, le sentiment du divin, engendrant l'amour et la crainte d'êtres supérieurs à l'humanité, le besoin de communiquer avec eux et de leur rendre un culte.

Ces facultés supérieures, propres à l'espèce humaine, sont les instruments qui lui ont permis d'élever progressivement sa condition au-dessus de celle de l'animalité. Tandis qu'il n'est au pouvoir d'aucune des espèces inférieures d'accroître la somme de ses subsistances, tandis qu'elles sont réduites à se contenter de celles que la nature met à leur disposition, l'espèce humaine peut augmenter les siennes en mettant en œuvre les facultés supérieures, intellectuelles et morales, dont elle est pourvue, et elle y est sollicitée par des besoins plus nombreux et étendus. Et, à mesure qu'elle perfectionne et développe son industrie, ses conditions d'existence subissent des modifications successives. En un mot, elle possède la capacité de *produire*, tandis que les espèces inférieures n'ont que celle de *détruire*. A cette capacité qui lui est propre, elle en joint une autre : celle de proportionner sa multiplication à ses moyens de subsistance, autrement dit de la régler.

De là une série de phénomènes qui constituent la matière de l'Économie politique et de la Morale.

Il suffit aux végétaux et aux animaux d'obéir aux instincts et de se servir des armes et des outils dont les a pourvus la nature pour satisfaire à leurs besoins, ceux-ci étroitement limités et toujours les mêmes. L'instinct de la conservation pousse le plus grand nombre des espèces à former des sociétés, et l'intelligence embryonnaire qui leur a été départie agit inconsciemment comme un instinct pour organiser ces sociétés d'une manière conforme à leur destination. Les individus qui les constituent suivent, dans l'exercice de leur activité, une voie que la nature a tracée et dont ils ne s'écartent que lorsque le milieu où ils vivent vient à se modifier. Encore cette modification n'a-t-elle pour effet que de les contraindre à appliquer leurs facultés à la recherche d'autres aliments et d'autres abris que ceux auxquels ils étaient accoutumés. C'est seulement lorsque l'homme réduit les animaux à la domesticité, et qu'il les applique à certains services à sa convenance, en les débarrassant du soin de chercher leur subsistance et de pourvoir à leur défense, qu'ils cessent d'obéir à leurs instincts et sont même obligés de les refréner. L'homme leur impose sa loi, et une lutte s'engage alors entre les commandements de cette loi et les impulsions de leurs instincts. Certaines espèces sont trop peu intelligentes pour connaître et surtout pour conserver la mémoire de la loi, trop dépourvues aussi des matériaux constitutifs de la force morale nécessaire pour résister aux impulsions ataviques qui les poussent à la désobéissance; elles ne sont pas domesticables. D'autres, au contraire, sont capables d'acquérir la connaissance et la souvenance de la loi avec la force morale qu'exige l'assouplissement de leurs instincts à ses commandements. et elles les transmettent, accrues par l'exercice, à leur descendance. Elles entrent, dans quelque mesure, en possession de la conscience et de la liberté.

Si l'on considère les tribus sauvages, qui vivent à la façon des animaux, des produits de la chasse et de la récolte des fruits naturels du sol, on trouvera que les individus dont elles se composent suivent, comme les animaux, l'impulsion inconsciente de leurs instincts. Ils obéissent, comme un grand nombre d'espèces inférieures, à l'instinct de la conservation, en se réunissant en troupeaux ou en tribus, et en se soumettant à la direction des plus capables dans les opérations de guerre. Ils pourvoient à leur subsistance sous l'impulsion du même instinct; et c'est un fait d'observation, qu'ils ont à un moindre degré que certains animaux le sentiment de la prévoyance : ils n'épargnent point pour les besoins à venir, et quand la vieillesse les rend incapables d'atteindre le gibier, ils périssent sans que leurs proches songent à leur venir en aide. Ils pourvoient à la subsistance de leurs enfants sous l'impulsion de l'instinct de la paternité, et, quand cet instinct leur fait défaut, ils laissent périr leur progéniture sans éprouver aucun remords. S'ils obéissent à l'instinct de l'appropriation en interdisant à leurs congénères de toucher au gibier qu'ils ont tué ou d'occuper la hutte qu'ils ont construite, ils n'attachent au vol et même au meurtre aucune idée de réprobation. Il en va ainsi jusqu'à ce qu'un progrès économique, la découverte des plantes alimentaires, l'invention de l'outillage agricole, l'assujettissement et l'exploitation des animaux domesticables, fasse succéder à l'état sauvage un commencement de civilisation.

Ce progrès économique a été l'œuvre d'une élite intelligente, douée des facultés qu'exige toute invention : l'esprit d'observation, de réflexion et de combinaison, excité par le désir inconscient d'obtenir une plus grande quantité de subsistance en échange d'une somme moindre de travail et de peine; mais il ne suffisait pas d'inventer, il fallait appliquer l'invention, et cette application nécessitait un changement dans la nature du travail de ceux qui la mettaient en œuvre, et, par conséquent, des facultés qui exécutaient ce travail. La culture du blé et l'exploitation du bétail exigeaient d'autres facultés physiques et morales que celles qui étaient employées à la poursuite du gibier et à la recherche des fruits naturels du sol. Il fallait donc, pour opérer ce changement d'industrie, exécuter préalablement sur soi-même un travail analogue à celui que l'on opère en réduisant un animal sauvage à l'état de domesticité, et en lui imposant une besogne en opposition avec les impulsions naturelles de ses instincts. Ce travail demandait l'intervention d'une force suffisante pour surmonter la routine des instincts et des habitudes. Cette force, où l'homme primitif pouvait-il la puiser? L'impulsion du mobile de l'économie des forces aurait-elle suffi pour la lui procurer? De nos jours, après tant de siècles de civilisation, suffit-elle à vaincre la routine du paysan, bien que les perfectionnements de l'outillage et des méthodes agricoles n'impliquent pas le renoncement à une industrie pour une autre? N'aurait-elle pas été à plus forte raison impuissante à déterminer une tribu primitive, subsistant des mêmes industries que les animaux sauvages, à abandonner la chasse et la récolte des fruits naturels du sol pour l'agriculture?

Où donc l'homme primitif puisa-t-il la force qui lui permit de sortir de l'animalité pour faire son premier pas — un pas décisif — dans la voie de la civilisation? Il la puisa dans un sentiment dont, seul, entre toutes les espèces vivantes, il était pourvu : dans le sentiment religieux. C'est à une inspiration ou à une révélation divine que les premiers inventeurs attribuaient les inventions et découvertes qui ont changé les conditions d'existence des sociétés naissantes. Ce sont, d'après toutes les traditions historiques ou légendaires, les Divinités qui ont inspiré l'invention de l'outillage de l'agriculture et des premières industries. C'est en leur nom et sur leur commandement, que les inventeurs en imposaient l'usage, c'est la crainte ou l'amour de ces Divinités, dont le sentiment religieux faisait concevoir l'existence avec la nécessité d'obéir à leurs commandements, qui a déterminé les tribus chez lesquelles ce sentiment était le plus développé, à remplacer l'ancienne industrie par une industrie nouvelle. C'est dans ce sentiment que l'homme primitif a puisé la force nécessaire pour maîtriser ses facultés et ces instincts et les adapter aux industries productives qu'il substituait aux industries destructives de l'animalité. C'est, pour tout dire, le sentiment religieux qui a été le moteur de la civilisation, en même temps qu'il concourait à rendre l'homme conscient et libre.

Les conséquences de ces premiers progrès ne devaient pas s'arrêter là. Les industries destructives de l'homme primitif ne nourrissaient qu'un petit nombre d'individus sur de vastes étendues; les tribus de chasseurs ne pouvaient dépasser quelques centaines d'individus qui subsistaient au jour le jour, en se bornant à satisfaire aux premières nécessités de la vie. Celles qui inventèrent et mirent en œuvre dans des contrées fertiles, telles que l'Inde, l'Égypte et la Mésopotamie, l'outillage et les procédés de l'agriculture, des premières industries et des premiers arts, purent se multiplier et augmenter leurs moyens de subsistance en raison de l'accroissement prodigieux de la productivité de leur travail. Avec ce nouvel outillage apparurent les phénomènes économiques de la division du travail et de la séparation des industries, de l'échange dans l'espace et le temps, de la distribution et de l'emploi utiles des pouvoirs réparateurs des forces vitales ou des richesses.

Ces progrès économiques engendraient encore des progrès d'un autre ordre.

Tandis que la propriété des terrains de chasse demeurait commune à tous les membres de la tribu, en vertu de la nature même de cette industrie primitive, elle devait être individualisée sous le régime de la production agricole et industrielle, et ce régime impliquait une appropriation et une accumulation, individuelles aussi, d'instruments de travail, de subsistances et de matériaux. La division du travail et l'échange nécessitaient de même la reconnaissance et l'assurance de la propriété des échangistes. Il fallait opérer cette reconnaissance et cette assurance, en d'autres termes reconnaître et assurer le droit de chacun des membres de la société sur les produits de son activité et sur cette activité même. Telle fut l'œuvre des premiers législateurs. Ce qui les guidait dans cette œuvre, c'était l'observation et l'expérience des effets nuisibles des atteintes portées aux personnes, à leur activité et aux fruits de cette activité. Cependant, il ne suffisait pas que la propriété et la liberté fussent reconnues, assurées et respectées. L'observation et l'expérience montraient encore que l'individu pouvait faire un emploi de sa propriété et de sa liberté utile ou nuisible à la société. Il fallait donc enseigner à chacun ce qu'il devait faire et ne pas faire dans l'intérêt commun, auquel son intérêt particulier était lié — la destruction d'une société entraînant celle de ses membres, — et l'y contraindre au besoin. Avec le Droit, il fallait établir le Devoir. Et les mêmes Divinités qui avaient inspiré et commandé le progrès économique inspirèrent les lois qu'il rendait nécessaires et en commandèrent l'observation.

Cependant, ces lois édictées par les Divinités se heurtaient aux impulsions des instincts qui poussaient l'individu tantôt à abuser de sa force et de son intelligence pour dépouiller ses semblables des fruits de leur travail, tantôt à satisfaire ses besoins actuels aux dépens de ses besoins futurs. Il lui fallait, pour discipliner ses instincts et les plier au respect du Droit et à l'accomplissement du Devoir, posséder et mettre en œuvre la même force morale avec laquelle il les avait pliés à l'exercice des industries qui rendaient nécessaires les lois destinées à reconnaître et à assurer le Droit et le Devoir, et cette force morale, il la puisait encore dans le sentiment religieux,

2.

La connaissance du mécanisme de la production, de la distribution, de l'emploi et de l'augmentation progressive des pouvoirs réparateurs des forces vitales de l'espèce humaine et des moteurs de ce mécanisme est l'objet de l'Économie politique.

La connaissance des règles de conduite que l'individu doit observer pour atteindre aux fins de l'économie politique, c'est-à-dire à la conservation et au plus grand accroissement des forces vitales de l'espèce humaine, et de la force qu'il puise en lui-même ou qui lui est communiquée pour observer ces règles fondées sur la justice, est l'objet de la Morale.

L'une et l'autre science ont pour objectif immédiat l'intérêt de la conservation et du progrès de l'espèce, et pour objectif ultérieur mais inconnu, la fonction et la destination qui lui sont assignées dans l'ordre universel.

# II

## L'ÉCONOMIE POLITIQUE

# CHAPITRE PREMIER

## Les moteurs et l'objet de l'activité humaine.

Que les moteurs de l'activité humaine sont les mêmes que ceux de l'activité des espèces inférieures — La nature et l'étendue de leurs opérations seule diffère — Que l'espèce humaine obéit comme les autres au mobile de la peine et du plaisir et à la loi de l'économie des forces. — Qu'elle doit, comme les autres espèces encore, travailler pour pourvoir à sa subsistance et à sa défense. — De la deux catégories d'industries adaptées à ce double objectif mais qui appartiennent également au domaine de l'économie politique.

Les moteurs de l'activité de l'espèce humaine sont les mêmes que ceux de l'activité des espèces inférieures. En revanche, la nature et l'étendue de leurs opérations diffèrent, selon qu'ils agissent dans la sphère de l'une ou de l'autre. Cette différence a sa source dans la capacité inégale de progrès des espèces inférieures en comparaison de l'espèce humaine, — inégalité qui provient, selon toute apparence, de celle des fonctions et des destinations.

La capacité de progrès des espèces inférieures est étroitement limitée. Même en admettant l'hypothèse du transformisme, cette capacité serait presque exclusivement physique; elle se bornerait à l'adaptation des espèces aux conditions changeantes de leur existence. La capacité de progrès de l'espèce humaine, au contraire, n'a point de limites assignables, et elle diffère par son objet même de celle des espèces inférieures. L'homme est demeuré physiquement ce qu'il était à l'origine de l'espèce, quelle que soit cette origine. Les progrès qu'il a réalisés consistent dans l'amélioration de ses conditions matérielles d'existence, dans le développement de son intelligence, dans l'extension de ses connaissances, dans l'accroissement et l'élévation de sa moralité; le tout se résumant dans l'augmentation progressive de sa puissance d'action. Jusqu'où cette puissance sera-t-elle portée? A quelle limite s'arrêtera-t-elle? Nous l'ignorons, mais qu'il s'agisse du progrès matériel, intellectuel ou moral, il se passera de longs siècles avant que cette limite soit atteinte, si elle l'est jamais.

Nous disons que les lois et les procédés de conservation et de progrès sont les mêmes pour l'espèce humaine que pour les autres espèces. Comme celles-ci, l'espèce humaine agit sous l'impulsion du mobile de la peine et du plaisir. Composé, comme les animaux et les végétaux, de matière et de forces, l'homme éprouve une sensation de peine à chaque déperdition de la somme nécessaire à la conservation de sa vitalité, une sensation de plaisir à chaque acquisition des matériaux et des forces que cette conservation exige, à chaque dépense ou expulsion de la quantité surabondante. Comme les autres espèces encore, il est obligé de faire une dépense préalable de forces pour obtenir celles qui lui sont indispensables pour conserver intact son contingent vital; autrement dit, il est obligé de travailler. Et comme cette dépense préalable de forces vitales lui cause une sensation de peine, il s'applique à la réduire, en inventant et en employant des procédés qui lui permettent, soit d'obtenir, en échange de la même dépense, une plus grande somme de forces, soit de diminuer sa dépense. C'est la loi de l'économie des forces à laquelle obéissent, inconsciemment ou consciemment, toutes les créatures vivantes, loi qui procède, elle-même, de l'impulsion du mobile de la peine et du plaisir.

Comme toutes les espèces encore, l'espèce humaine est soumise à la loi de la concurrence. Cette concurrence est plus ou moins active dans toutes les industries auxquelles les hommes demandent leurs moyens d'existence; elle varie en intensité, mais nous verrons qu'elle tend perpétuellement à se fixer au point où elle peut exercer le maximum d'effet utile, c'est-à-dire déterminer la création de la plus grande somme de forces vitales avec la moindre déperdition de ces mêmes forces.

Enfin, comme toutes les autres espèces, l'espèce humaine doit non seulement travailler pour acquérir les forces nécessaires à l'entretien de son contingent vital, mais encore pour le défendre soit contre les autres espèces, soit contre ses propres membres. De là deux catégories distinctes d'industries auxquelles le soin de sa conservation l'oblige à se livrer, les industries destructives, comprises sous la dénomination générique de « la guerre », et les industries productives, qui ont pour objet la création des produits ou des services qu'exigent l'entretien et le développement de ses forces vitales — physiques, intellectuelles et morales.

C'est de celles-ci que l'Économie politique s'est jusqu'à présent particulièrement occupée, encore a-t-on voulu réduire son domaine aux industries qui ont pour objet la satisfaction des besoins physiques, en écartant celles qui concernent les besoins intellectuels et moraux, mais est-il nécessaire de dire que ce domaine s'étend aux industries destructives aussi bien qu'à l'ensemble des industries productives, car les unes et les autres sont « utiles »; elles ne diffèrent que par les fonctions qu'elles remplissent — fonction de défense, fonction de conservation et d'accroissement du contingent vital; — mais elles concourent au même objet : l'augmentation de la puissance de l'espèce.

Bornons-nous pour le moment à l'examen des industries productives; voyons comment elles sont nées et se sont développées, comment s'est créé, agrandi et perfectionné, à mesure qu'elles se développaient, le mécanisme de la production, de la distribution et de la consommation ou de l'emploi des forces vitales.

# CHAPITRE II

**L'association des forces productives et la division du travail. — L'échange. — La valeur. — La loi de l'offre et de la demande.**

La production. — Comment, sous l'impulsion du mobile de la peine et du plaisir, l'homme s'applique à obtenir une somme de plus en plus grande de matériaux de réparation de ses forces vitales en échange d'une moindre dépense. — Procédés qu'il emploie. L'association et l'accumulation des forces productives et la division du travail. — Processus naturel de l'épargne, de l'invention des outils, de la coopération et de la division du travail. — Avantages de ces procédés. — Leur développement. — La séparation des industries. Causes et conditions de son extension. — Les phénomènes de l'échange et de la valeur. — Éléments constitutifs de la valeur, l'utilité et le travail, la force acquise et la force dépensée. — Le profit. — Que tout échange procure un profit aux deux parties. — Que le taux du partage de ce profit dépend de l'intensité comparative des besoins en présence. — Que l'échange se conclut au moment où les valeurs des quantités réciproquement offertes sont estimées égales. — Le prix, expression du rapport de valeur des quantités. — La loi de l'offre et de la demande.

Sous l'impulsion du mobile de la peine et du plaisir, l'homme, comme les créatures inférieures, agit pour entretenir ses forces vitales ; il cherche les matériaux d'entretien et les façonne de manière à se les rendre assimilables. C'est le phénomène de la production. Mais toute production implique un travail, c'est-à-dire une dépense préalable des forces vitales que la production a pour objet de réparer, et cette dépense occasionne une peine, une souffrance. L'homme s'applique, en conséquence, à réduire sa dépense, à économiser sa peine, ou, ce qui revient au même, à obtenir en échange de la même dépense une somme de plus en plus considérable de matériaux de réparation. Il atteint ce but au moyen de deux procédés connexes : l'association et l'accumulation des forces sous forme d'approvisionnements et d'outils, et la division du travail.

Ces deux procédés économiques, à mesure que leur application s'étend, permettent à ceux qui les emploient d'acquérir une quantité croissante de matériaux de réparation, en échange d'une dépense incessamment réduite. Qu'il s'agisse, par exemple, de l'acquisition des aliments nécessaires à l'entretien de ses forces physiques, l'homme isolé et dépourvu d'approvisionnements et d'outils ne pourra obtenir, en échange d'une longue et pénible recherche des végétaux ou des animaux comestibles, que la plus faible quantité de subsistances. Les souffrances qu'il éprouve aiguillonnent son intelligence et excitent sa prévoyance. Quand il a recueilli une quantité d'aliments qui dépasse ses besoins du jour, il met en réserve, il accumule l'excédent. Il pourvoit ainsi au déficit des mauvais jours, et il se ménage des loisirs qu'il emploie à inventer et à fabriquer des outils ou à domestiquer des animaux, à l'aide desquels il se procure, avec moins de peine, une plus grande quantité de subsistances. Lorsqu'il a découvert et mis en œuvre les procédés et l'outillage de la culture des denrées alimentaires, cette quantité s'accroît soudain dans d'énormes proportions. Mais un individu ne peut exécuter seul les travaux que nécessite un établissement agricole; ces travaux exigent la coopération d'un nombre plus ou moins considérable d'individus, selon l'état de développement de l'agriculture. La loi de l'économie des forces détermine alors la division du travail entre les coopérateurs. La besogne de l'exploitation se répartit entre eux selon leurs forces et la nature particulière de leurs aptitudes. L'expérience leur apprend ensuite qu'en exécutant continuellement le même travail ils y acquièrent plus d'habileté que s'ils appliquaient leurs forces à des travaux différents. La division du travail ne s'arrête pas là. Les industries se séparent. D'abord, l'agriculteur et ses auxiliaires confectionnent eux-mêmes leur outillage, construisent leur demeure et leurs bâtiments d'exploitation, fabriquent leur mobilier et leurs vêtements; mais ces divers travaux exigent une application inégale de temps et de forces. La confection et la réparation de l'outillage notamment n'occupent qu'à d'assez longs intervalles ceux qui y sont employés; dans ces intervalles, ils doivent s'appliquer à d'autres travaux, et ils perdent alors une partie de l'aptitude qu'ils ont acquise. Lorsque les établissements agricoles se multiplient, il devient possible de remédier à cette déperdition de forces.

Le nombre des charrues et des autres outils nécessaires aux exploitations s'accroît de manière à occuper
constamment et exclusivement un ou même plusieurs
individus. A ce moment que se passe-t-il? Au lieu
de confectionner ou de faire confectionner dans leur
établissement les charrues et les autres outils dont ils
ont besoin, les agriculteurs trouvent plus d'économie
à les demander à un « charron ». L'économie qu'ils
réalisent ainsi est de deux sortes : le charron, qui
fait son occupation constante et exclusive de la confection des outils, les fabrique plus vite et mieux que
ne pouvaient le faire des ouvriers qui ne s'y appliquaient que d'une manière intermittente. Les outils
sont plus efficaces, plus durables, et comme il a fallu
à un ouvrier plus habile moins de temps, pour les
fabriquer, les frais de leur production sont d'autant
moins élevés. Ils reviennent moins cher, autrement
dit ils représentent une moindre dépense de forces.

Cependant, cette économie n'est pas réalisée tout
entière par les agriculteurs ; elle se partage entre eux
et le charron. Qu'est-ce en effet qui peut déterminer
un ouvrier agricole engagé à des travaux de différentes sortes à abandonner sa situation pour s'adonner
uniquement à la fabrication des outils, sinon la pers-
pective d'obtenir, en échange d'une peine moindre,
une quantité plus grande de matériaux de réparation
de ses forces vitales? Il faut donc qu'il obtienne une
rétribution supérieure à celle qu'il obtenait aupara-

vant, sans que cette rétribution s'élève au point d'absorber entièrement l'économie réalisée. Car, dans le premier cas, il n'aurait aucune raison d'abandonner son occupation antérieure, et, dans le second, l'agriculteur ne trouverait aucun avantage à lui demander des outils plutôt qu'à les fabriquer lui-même ou à les faire confectionner par ses coopérateurs agricoles. Nous verrons plus loin à quel taux sa rétribution tend incessamment à se fixer dans ces limites. La loi de l'économie des forces détermine de même la séparation et la spécialisation des industries de la construction des habitations, de l'ameublement, du vêtement, etc., lorsque la population et la richesse se sont assez accrues pour occuper d'une manière permanente ceux qui s'y livrent, en leur fournissant une rétribution suffisante. Chaque fois que le marché de la consommation ou le débouché s'étend, un nouveau progrès de la division du travail devient économique, en ce qu'il réalise une épargne de forces vitales, impliquant une diminution de peine et une augmentation de jouissances, et il ne tarde pas à s'accomplir.

La loi de l'économie des forces engendre le phénomène de la division du travail, de la séparation et de la spécialisation des industries, et celui-ci, à son tour, suscite ou fait apparaître les phénomènes de l'échange et de la valeur.

L'agriculteur échange ses produits alimentaires contre les outils que lui fournit le charron; mais sur quel pied s'opère cet échange? Qu'est-ce qui décide de la quantité de blé dont il doit se dessaisir pour obtenir une charrue en échange?

C'est la valeur respective des deux produits. L'échange s'opère en raison de la valeur du blé, d'une part, de la charrue de l'autre. Plus un produit a de valeur, plus petite est la quantité qu'il en faut fournir, ou, ce qui revient au même, plus grande est la quantité des autres produits dont il faut se dessaisir pour l'obtenir, dans l'échange.

Ce phénomène de la valeur, l'échange le fait apparaître, mais il existe indépendamment de l'échange. Les produits ou les services de toutes sortes, qui servent à l'entretien des forces vitales, ont une valeur avant d'être échangés. En quoi donc consiste la valeur?

Elle se compose de deux éléments, elle contient : 1° une quantité plus ou moins grande d'utilité, autrement dit de pouvoir de réparation des forces vitales ; 2° une quantité plus ou moins grande de travail employé à la production de l'utilité.

Cette quantité de travail, représentant de la force dépensée, constitue les frais de production de l'utilité contenue dans la valeur.

Deux cas peuvent se présenter ; ou la quantité de force dépensée dans la production de l'utilité est inférieure à la quantité d'utilité produite, c'est-à-dire à son pouvoir de réparation de forces vitales, ou elle lui est supérieure. Dans le premier cas, le producteur d'utilité gagne la différence entre la force acquise et la force dépensée, dans le second cas, il la perd.

Toute dépense préalable de forces vitales, tout travail accompli en vue de la réparation de ces mêmes forces, causant une peine, une souffrance, on ne produit de l'utilité qu'en vue d'acquérir une quantité de forces vitales dépassant la quantité dépensée, L'excédent, c'est le profit.

De même on n'échange deux choses. contenant de l'utilité produite ou de la valeur, qu'en vue de réaliser un profit. Pour qu'un échange puisse s'opérer, il faut que les deux parties réalisent un profit, sinon ils n'auront aucun intérêt à le conclure, et ils ne le concluront point.

Dans l'exemple que nous avons cité, il faut que la quantité de blé qu'obtient le producteur de la charrue représente une somme de forces vitales supérieure à celle qu'il a dépensée dans la production de cette charrue.

De même, il faut que la charrue représente pour le producteur de blé une quantité de forces vitales supérieure à celle de la quantité de blé qu'il fournit en échange.

Tout échange procure donc un gain, un profit, aux deux parties. Mais ce gain peut être et il est même communément inégal. Le taux auquel se conclut l'échange, c'est-à-dire la quantité plus ou moins grande de blé que fournit l'agriculteur au charron dépend de l'intensité comparative du besoin qu'il a de la charrue, et du besoin que le charron a du blé.

Qu'est-ce à dire ? Qu'entend-on par l'intensité comparative du besoin?

Le besoin consiste dans la demande de réparation des forces vitales. Cette demande est provoquée par la souffrance que cause à l'individu la déperdition des forces nécessaires à l'entretien de sa vitalité, et qui est d'autant plus vive que cette déperdition devient plus grande. Le degré de vivacité de la souffrance détermine le degré d'intensité du besoin, et par conséquent l'étendue du sacrifice qu'il consent à s'imposer, la quantité de forces qu'il consent à dépenser pour le satisfaire. Si l'intensité des besoins des deux parties est inégale, celle dont le besoin est le plus intense accélérera davantage sa demande du produit propre à le satisfaire, elle augmentera plus rapidement la quantité du produit qu'elle offre en échange, et elle réalisera en conséquence dans cet échange un moindre profit que la partie adverse. Mais si faible que ce soit ce profit, il ne peut descendre à zéro, car s'il venait à disparaître, si l'échangiste dont le besoin est le plus intense était obligé de fournir une quantité de produits qui lui coûtât une dépense de forces égale à celle qu'il peut obtenir, c'est-à-dire une somme de souffrances égale à celle qu'il veut s'épargner, il n'aurait aucune raison de conclure l'échange.

Les deux échangistes, quelle que soit d'ailleurs l'intensité comparative de leurs besoins, s'efforcent de donner le moins pour obtenir le plus.

Lorsque l'un ou l'autre juge qu'il ne pourra obtenir davantage, en échange de la quantité qu'il offre, un moment arrive où il accepte l'offre de la partie adverse, et où le marché se conclut. A moins toutefois que l'un ou l'autre, estimant qu'à ce taux l'échange ne lui procure aucun profit, renonce à le conclure.

Mais au moment où le marché se conclut, les utilités produites ou les valeurs contenues dans les produits échangés sont égales ou se balancent. Elles sont égales, car, au jugement des deux échangistes, elles leur procurent la même somme de jouissance, déduction faite de la même somme de peine. Le prix auquel l'échange se conclut exprime les qualités ordinairement inégales qui ont, à ce moment, une valeur égale. Si une charrue s'échange contre cinq hectolitres de blé, ces cinq hectolitres seront le prix d'une charrue, ou une charrue sera le prix de cinq hectolitres de blé. Le prix exprime donc le rapport de valeur des produits échangés.

C'est en raison de leur valeur que les choses s'échangent, et la valeur se fixe dans l'échange, en raison de l'intensité comparative des besoins des échangistes, par conséquent des quantités de leurs produits qu'ils consentent à offrir pour obtenir les produits qu'ils demandent.

Telle est la loi dite de l'offre et de la demande, en vertu de laquelle se fixe le prix de toutes choses, c'est-à-dire leur valeur comparative dans l'échange et au moment de l'échange.

Cependant l'intensité des besoins des échangistes étant communément inégale, et cette inégalité étant même parfois extrême, il semblerait que le profit réalisé par l'échange dût de même être inégal. Nous allons voir qu'il tend, au contraire, constamment, à être ramené à l'égalité par l'opération de la concurrence.

# CHAPITRE III

## La concurrence,
## La loi de progression des valeurs,

La concurrence. — Comment elle agit pour égaliser le partage du profit de l'échange. — Que ce partage ne peut être égal qu'à la condition que les échangistes disposent au même degré du temps et de l'espace. — Le monopole et le pouvoir qu'il confère. — La concurrence et son action sur le prix. — Que les hommes, sous l'impulsion du mobile de la peine et du plaisir, se portent de préférence dans les industries qui leur procurent le plus grand profit. — Qu'en s'y portant, ils y augmentent les quantités produites et offertes. — Que l'augmentation des quantités offertes détermine l'abaissement du prix — Que l'abaissement du prix détermine la baisse du profit — Que le profit finit par tomber au dessous du niveau général, marqué par les frais de la production et la rétribution nécessaire du producteur. — Qu'aussitôt que le profit est tombé au-dessous de ce niveau, la production et les quantités offertes diminuent et le prix se relève. — Que s'il dépasse, en se relevant, le niveau général, la production augmente de nouveau. — Que les frais de production et la rétribution nécessaire du producteur constituent, en conséquence, le point central vers lequel le prix gravite, sous un régime de libre concurrence. — Que ce résultat est accéléré par l'opération de la loi de progression des valeurs. — Que les deux lois de la concurrence et de la progression des valeurs sont les agents naturels de l'établissement de l'ordre dans le monde économique. — Qu'elles agissent encore pour déterminer les progrès de l'industrie par l'abaissement successif des frais de la production.

La concurrence naît de la division du travail. A mesure que les industries se séparent et se spécialisent, les individus qui les exercent cessent de produire les articles nécessaires à leur consommation, autrement dit à la réparation de leurs forces vitales ;

ils produisent des articles, ou simplement ils exécutent une des façons qu'exigent la confection et l'apport des articles, destinés à la consommation de gens qui leur sont inconnus et qui sont parfois épars sur les différents points du globe. Aujourd'hui par exemple, on produit aux États-Unis, au Brésil, dans l'Inde, du coton qui est exporté en Europe où il sert de matière première à des tissus ou à des vêtements qui sont consommés dans les cinq parties du monde ; et il en est ainsi de la plupart des produits de l'industrie et même de l'agriculture. Ce n'est plus que par exception que, dans les pays appartenant à notre civilisation, on produit les choses que l'on consomme soi-même. On produit non plus en vue de la consommation, mais en vue de l'échange. On ne se préoccupe point de la destination des choses que l'on produit et de l'usage qui en sera fait, on se préoccupe seulement du prix que l'on en pourra obtenir dans l'échange. En effet, c'est en échangeant son produit qu'on se procure tous ceux dont on a besoin, et c'est le prix qui marque la quantité que l'on fournit et celle que l'on obtient. Mais, de même qu'en travaillant pour sa propre consommation on produit les articles que l'on estime être les plus utiles, on est irrésistiblement poussé, sous le régime de la division du travail et de l'échange, à produire ceux qu'autrui considère à tort ou à raison comme les plus utiles, car ce sont ceux-là qui sont demandés

avec le plus d'intensité et qui rapportent par conséquent les plus grands profits.

Il semblerait d'après cela que l'inégalité des profits
de l'échange dût être la règle, au moins dans les
limites où il serait plus économique de produire soi-
même l'article dont on a besoin, ou de s'en passer,
que de se le procurer par l'échange. Or, il n'est pas
toujours possible de produire soi-même l'article dont
on a besoin, et il est des circonstances où l'on ne peut
s'en passer, sous peine de mort. Tel est le cas dont
arguait Proud'hon dans sa célèbre polémique avec
Bastiat, du capitaliste qui se laisse tomber dans la
rivière et auquel un prolétaire demande un million
pour lui tendre la main [1]. Dans ce cas, évidemment,
le prolétaire évalue sa peine à un taux qui ne répond
aucunement à la faible dépense de forces vitales
que nécessite l'action de tendre la main ; il profite
de l'intensité de la demande de secours de l'infortuné

[1] Un millionnaire se laisse tomber dans la rivière Un prolétaire
vient à passer; le capitaliste lui fait signe ; le dialogue suivant —
s'établit :

LE MILLIONNAIRE. — Sauve-moi, ou je péris.          —

LE PROLÉTAIRE. — Je suis a vous, mais je veux pour ma peine un
million.

LE MILLIONNAIRE. — Un million pour tendre la main à ton frere
qui se noie ! Qu'est-ce que cela te coûte ? Une heure de retard ! Je
te rembourserai, je suis généreux, un quart de journée.

LE PROLÉTAIRE. — Dites-moi, n'est-ce pas vrai que je vous rends
un service en vous tirant de là ?

LE MILLIONNAIRE. — Oui.

LE PROLÉTAIRE. — Tout service a t-il droit à une recompense?

LE MILLIONNAIRE. — Oui.

capitaliste pour exiger de lui une somme qui représente un pouvoir incomparablement plus grand de réparation ou pour mieux dire de salut des forces vitales. Il « l'exploite » à outrance. C'est un cas exceptionnel, sans doute, mais ce qui est le cas ordinaire c'est l'intensité inégale des besoins auxquels répondent les produits offerts à l'échange. Dans l'exemple que nous avons cité de l'échange d'une charrue contre du blé, le besoin que le charron éprouve, s'il est affamé et ne possède aucun aliment, peut être infiniment plus intense que celui de l'agriculteur, qui peut attendre pour se procurer une charrue, et, à la rigueur, qui peut s'en passer.

L'échange se conclurait donc dans des conditions habituelles d'inégalité, si un phénomène issu de la division du travail même, le phénomène de la concurrence industrielle n'intervenait pour répartir égale-

LE PROLÉTAIRE. — Ne suis-je pas libre ?

LE MILLIONNAIRE. — Oui.

LE PROLÉTAIRE. — Alors je veux un million; c'est mon dernier prix. Je ne vous force pas, je ne vous impose rien malgré vous ; je ne vous empêche pas de crier: *A la barque!* et d'appeler quelqu'un. Si le pêcheur que j'aperçois là-bas, à une heure d'ici, veut vous faire cet avantage sans rétribution, adressez-vous à lui : c'est plus commode.

LE MILLIONNAIRE. — Malheureux! Tu abuses de ma position. La religion! la morale! l'humanité!..

LE PROLÉTAIRE. — Ceci regarde ma conscience. Du reste, l'heure m'appelle, finissons en. Vivre prolétaire, ou mourir millionnaire: lequel voulez-vous?

(*Gratuité du Crédit.* Septième lettre de P.-J. PROUDHON à Féd. Bastiat.)

ment le profit de l'échange entre les deux échangistes.

Sous le régime de la division du travail, toutes les industries désormais séparées échangent réciproquement leurs produits. Le taux auquel s'opèrent ces échanges est d'abord déterminé par l'intensité essentiellement inégale des besoins. Les profits que réalisent les échangistes sont donc inégaux : les uns obtiennent dans l'échange un excédent considérable sur la dépense qu'ils ont faite pour produire l'article échangé, tandis que les autres ne réalisent qu'un excédent très faible. Cela étant, qu'arrive-t-il ?

Si nous voulons être édifiés sur ce point, dont l'importance est capitale — on s'en convaincra quand nous étudierons la question des salaires, — il nous faut remonter d'abord à la cause première de l'inégalité des profits, savoir à l'inégalité d'intensité des besoins des échangistes. Reprenons l'exemple que nous avons cité, de l'échange d'une charrue contre du blé. Si nous supposons que le charron ne possède aucune provision d'aliments et qu'il ne trouve qu'un seul agriculteur disposé à lui acheter sa charrue, il est évident qu'il sera obligé, comme le millionnaire dont parle Proud'hon, de subir les conditions que l'agriculteur lui imposera, car le besoin qu'il a du blé est infiniment plus intense que celui que l'agriculteur a de la charrue. Mais il en sera autrement s'il possède une provision d'aliments qui lui permette d'attendre une offre plus avantageuse, et, en admettant que cette offre ne se présente point, s'il peut transporter sa charrue dans une autre localité, où se rencontrent des acheteurs, en un mot s'il peut disposer du temps et de l'espace. Dans ce cas, il pourra arriver que sa situation vis-à-vis de l'agriculteur se trouve complètement changée à son avantage. En effet, si l'agriculteur a affaire à un charron bien approvisionné de subsistances et ayant la possibilité de trouver ailleurs un acheteur, il sera obligé de subir les conditions du charron, ou de fabriquer lui-même la charrue dont il a besoin. Il en sera autrement s'il peut porter son blé dans quelque autre localité et l'y échanger contre une charrue. Quand deux échangistes disposent au même degré du temps et de l'espace, l'inégalité d'intensité de leurs besoins s'efface : ils traitent sur le pied d'égalité. Qu'est-ce donc alors qui décide du prix auquel s'opère l'échange? C'est uniquement le rapport des quantités offertes à l'échange. Le prix varie avec ce rapport. Plus la quantité offerte d'un produit s'élève, plus le prix auquel ce produit peut être échangé s'abaisse, et, *vice versa*, plus la quantité diminue, plus le prix s'élève.

Mais, deux cas peuvent se présenter: ou bien un produit est détenu et offert par un seul individu, c'est le cas du monopole, ou il est détenu et offert par plusieurs, c'est le cas de la concurrence.

Dans le premier cas, le monopoleur, en le supposant

maître du temps et de l'espace, c'est-à-dire libre de disposer de son offre, peut à son gré limiter la quantité offerte, de manière à en élever le prix au point où l'échange lui procure le plus grand profit possible. Ce point diffère selon la nature du produit. Le prix d'une denrée de première nécessité peut être élevé plus haut que celui d'un article moins nécessaire, car son élévation détermine une moindre réduction de la demande, mais, quelle que soit la nature du produit, le monopoleur est le maître d'en fixer le prix à sa guise et de le porter au niveau qu'il juge le plus avantageux.

Dans le second cas, lorsqu'un produit est détenu et offert par plusieurs individus. la situation change. A moins que le marché soit assez restreint pour que les détenteurs du produit puissent s'entendre ouvertement ou tacitement afin de limiter leur offre, chacun met au marché, à sa convenance, la quantité dont il dispose, et selon que l'ensemble de ces quantités individuellement offertes dépasse l'ensemble des quantités demandées ou demeure au-dessous, le prix baisse ou monte, sans qu'il dépende de ceux qui les offrent d'agir sur le prix autrement que dans la proportion des quantités qu'ils détiennent. Lorsque le marché est presque illimité, comme l'est à présent le marché des cotons, des laines, des céréales, etc., le pouvoir individuel d'action sur le prix se réduit à une proportion infinitésimale. Le prix devient alors impersonnel. Il est influencé seulement par les mouvements généraux, en augmentation ou en diminution, des quantités offertes et demandées. Dans cette situation, la concurrence agit avec une pleine efficacité pour régler les prix et égaliser les profits.

Comment agit-elle?

Sous l'impulsion du mobile de la peine et du plaisir, chacun porte de préférence les forces productives dont il dispose dans l'industrie où il peut obtenir la plus grande somme de pouvoirs de réparation des forces vitales en échange de la moindre dépense, en d'autres termes, où il peut réaliser le profit le plus élevé. L'apport d'un supplément de forces productives dans cette industrie augmente la quantité des produits offerts en concurrence; et détermine une baisse de prix. Si l'augmentation de la quantité offerte est telle que le prix baisse de manière à faire descendre le profit au-dessous du niveau de ceux des autres industries, qu'arrive-t-il? C'est que l'afflux des forces productives s'arrête, et même qu'une partie de celles qui sont engagées dans cette industrie devenue moins profitable que les autres s'en retire, jusqu'à ce que le profit soit remonté au niveau général. Ce niveau forme donc le point vers lequel gravitent incessamment les profits de toutes les branches de la production. Mais où ce point se fixe-t-il? Qu'est-ce qui détermine le niveau général des profits? C'est, d'une part, la dépense de forces productives qu'a exigée la confection des produits, autrement dit la somme de ses frais de production, d'une autre part, la rétribution nécessaire pour déterminer les détenteurs des forces productives à les mettre en œuvre plutôt qu'à les conserver inactives.

Cette gravitation des prix et des profits vers un point central marqué par les frais et la rétribution nécessaires de toute production a pour moteur la concurrence, actionnée elle-même par le mobile de la peine et du plaisir. A ce moteur s'en joint un autre, qui en accélère l'effet, savoir la loi de progression des valeurs. Sous l'impulsion de cette loi, la valeur d'un produit ou d'un service s'élève ou s'abaisse en progression géométrique, lorsque la quantité offerte de ce produit ou de ce service diminue ou augmente en progression arithmétique. Les écarts du point de gravitation se corrigent ainsi d'autant plus rapidement qu'ils sont plus forts, et les prix et les profits sont ramenés à leur taux nécessaire par une force analogue à celle qui établit et maintient l'ordre dans le monde physique.

Ces deux lois combinées établissent et maintiennent l'ordre dans le monde économique, quand elles ne sont point empêchées d'agir par des obstacles naturels ou artificiels. Elles sont les régulateurs de la production des forces vitales; elles suscitent la production de celles qui sont les plus demandées, par conséquent les plus utiles ou du moins jugées telles par ceux qui les demandent, et agissent pour mettre en équilibre l'offre et la demande, la production et la consommation de ces forces au point marqué par la somme de frais nécessaire pour produire l'ensemble des choses dans lesquelles elles sont investies.

Ces deux lois naturelles ont encore pour effet de déterminer l'abaissement successif de cette somme de frais, en procurant à ceux qui les abaissent par l'invention et l'application de quelque machine ou procédé nouveau, un profit extraordinaire, consistant dans l'économie qu'ils réalisent, aussi longtemps que d'autres inventions ne viennent point faire concurrence à la leur.

En résumé, le premier moteur de la production des pouvoirs réparateurs des forces vitales, ou, pour nous servir de l'expression économique, des « valeurs », c'est le mobile de la peine et du plaisir. Sous l'impulsion de ce mobile, l'homme produit les pouvoirs réparateurs que la nature ne lui fournit point gratuitement, et en se livrant à cette production, il s'applique, sous l'impulsion du même mobile, à obtenir la plus grande somme de forces en échange de la moindre dépense. Pour arriver à ce résultat, il recourt aux procédés de l'association et de l'accumulation des forces, de la division du travail et de la séparation des industries impliquant l'échange.

L'emploi progressif de ces procédés lui permet d'acquérir une somme croissante de forces vitales moyennant une dépense décroissante. Mais encore faut-il que, dans ce nouvel état des choses, les individus qui désormais produisent pour autrui au lieu de produire pour eux-mêmes obtiennent l'économie que l'emploi de ces procédés leur permet de réaliser. Cette économie, les lois naturelles de la concurrence et de la progression des valeurs la leur assurent, quand elles ne sont pas entravées dans leur fonctionnement. Elles la leur assurent, disons-nous, par une opération fort simple : en ramenant la valeur de tous les produits ou services dans lesquels s'investissent les forces vitales, au niveau de la dépense et de la rétribution nécessaires pour les créer, et en faisant bénéficier ainsi tous ceux qui contribuent à les créer de l'économie réalisée par l'association des forces, la division du travail et l'échange. Enfin, ces mêmes lois agissent encore pour accroître continuellement cette économie, en procurant à ceux qui l'augmentent une rétribution temporaire proportionnée à l'épargne de forces qu'ils réalisent au profit permanent de la communauté.

# CHAPITRE IV

## La vente et l'achat. — La monnaie.

La division de l'opération de l'échange. — Nécessité d'un *medium circulans*, servant d'équivalent. — La vente au comptant et la vente à crédit. — La vente d'usage : l'affermage, la location et le prêt à intérêt. — Le prix nécessaire de l'usage. — Éléments qui le constituent. La privation et le risque. — Gravitation du prix courant de l'usage vers le prix nécessaire. — Que la monnaie n'est pas seulement un equivalent, mais encore une mesure. — Qualités nécessaires à la monnaie.

La production divisée implique l'échange. Mais l'échange ne peut s'opérer qu'à la condition que l'un des échangistes ait besoin de la marchandise offerte par l'autre, et réciproquement. Or, dès que la production divisée se généralise, cette condition ne se présente plus qu'à l'état d'exception, l'échange direct ou le troc devient de plus en plus difficile à opérer et à ajuster. Qu'a-t-on fait pour surmonter cette difficulté ? On a partagé l'échange en deux parties : la vente et l'achat. On a échangé le produit ou le service que l'on offrait contre un produit auquel on a attribué la fonction d'intermédiaire, c'est *la vente*, puis on a échangé ce produit intermédiaire contre celui dont on avait besoin et que l'on demandait, c'est *l'achat*. Nous verrons plus loin quelles qualités doit réunir un produit pour remplir la fonction de *medium* des échanges ou de monnaie. Cependant, cette division de l'opération de l'échange échappe généralement à l'attention. Une moitié seulement en est visible : on voit le produit ou le service que le vendeur échange contre de la monnaie, on ne voit pas celui qu'il achètera ensuite avec la monnaie. De même, on voit la monnaie que l'acheteur lui fournit, mais on ne voit pas le produit ou le service que cet acheteur a dû vendre pour se procurer cette monnaie. On ne considère donc pas la vente et l'achat comme les deux parties de l'échange de deux produits ou services, dont l'un demeure invisible, on les rapporte à l'échange de ce qu'on voit, savoir: d'un côté un produit ou un service, d'un autre la monnaie, et on appelle vendeur celui qui échange le produit ou le service contre la monnaie, et acheteur celui qui échange la monnaie contre le produit ou le service.

La vente et l'achat, dans cette acception courante, peuvent s'effectuer de deux manières : au comptant ou à crédit. La vente se fait au comptant lorsque le vendeur reçoit immédiatement la monnaie contre laquelle il échange le produit ou le service. Elle se fait à crédit lorsque l'acheteur ne lui fournit la monnaie, en payement, qu'après un délai plus ou moins long. Le crédit implique la confiance. Pour que la vente à crédit soit possible, il faut que le vendeur croie (d'où l'étymologie du mot crédit, croire, *cre-*

*dere*) que le produit ou le service lui sera payé à l'échéance convenue. Cette croyance peut être plus ou moins fondée mais elle n'est jamais une certitude. Si digne de confiance que soit un acheteur, quelle que soit sa volonté de payer à l'échéance le produit ou le service qu'il a acquis, il peut en être empêché. Toute vente à crédit implique donc non seulement un délai, consistant dans un espace de temps plus ou moins long, mais encore un risque. On peut, à la vérité, effectuer une vente à crédit moyennant un gage équivalent au produit ou au service vendu à terme, mais encore faut-il, en ce cas, que la confiance intervienne dans quelque mesure. Il faut que le vendeur croie que la réalisation du gage lui fournira la contre-valeur du produit ou du service, et que l'acheteur, à son tour croie que le gage lui sera restitué.

Mais la production divisée n'implique pas seulement cette forme de l'échange que l'intervention de la monnaie résout en une vente et en un achat ; elle implique encore l'échange sous forme de location ou de prêt. Qu'échange-t-on ? Des *utilités produites* ou des *valeurs*. Ces valeurs sont investies dans les personnes et dans les choses. Ces personnes et ces choses peuvent être diversement utilisées. Les personnes ne peuvent être utilisées que comme des instruments de production. Sous le régime de l'esclavage, elles peuvent être vendues, mais, quand elles s'appartiennent à elles-mêmes, elles se bornent à vendre l'usage de leurs forces productives : cette sorte de vente prend le nom de location de travail. Les choses peuvent, selon leur nature, être employées à la production ou à la consommation. On peut encore les partager en deux catégories : celles qui sont détruites par l'usage et celles dont on peut user sans les détruire ou en ne les détruisant qu'à la longue. Dans la première, l'usage ne peut être séparé de la chose elle-même, tandis qu'il peut l'être dans la seconde. La vente de l'usage prend différents noms : elle s'appelle affermage quand il s'agit de la terre, location quand il s'agit des autres immeubles, des machines et des autres instruments de travail, prêt à intérêt quand il s'agit de choses dont on ne peut restituer que l'équivalent : telles sont la monnaie et les choses *fongibles*. Mais l'affermage, la location et le prêt à intérêt se résolvent, indistinctement, en une vente d'usage. Cet usage, on le paye, dans l'affermage ou la location, au prix stipulé, que l'on désigne sous le nom de fermage ou de loyer, et on restitue, à l'échéance, la terre, le bâtiment ou l'outil : on le paye de même dans le prêt de la monnaie, d'un sac de blé ou de toute autre substance fongible, en fournissant, avec l'intérêt, l'équivalent de la chose prêtée. Dans le premier cas encore, on paie, en sus de l'usage, la détérioration de la chose, dans le second, on n'en paie que l'usage, puisqu'on en restitue l'équivalent.

Qu'est-ce qui détermine le prix de cette vente

d'usage? C'est, en premier lieu, la privation de l'utilité de la chose pendant le temps de l'affermage, du loyer ou du prêt; c'est, en second lieu, le risque qu'implique cette sorte de vente.

Commençons par le risque. Lorsqu'on loue une terre, un bâtiment ou tout autre immeuble, on court le risque de ne point être payé du montant du loyer et de la détérioration ou de l'usure de l'immeuble; lorsqu'on loue du bétail, des machines ou des outils, le risque s'aggrave de la difficulté de rentrer en possession de l'objet loué, lequel peut être, en vertu de sa nature, soustrait à son propriétaire. Cette difficulté peut s'élever au maximum dans le prêt d'une somme de monnaie, d'un sac de blé ou de tout autre objet fongible qui disparaît par l'usage qu'en fait l'emprunteur. De là la nécessité d'une prime destinée à couvrir ce risque. Cette prime est un des deux éléments du prix nécessaire de l'usage de toute chose, et elle doit naturellement être proportionnée au risque.

Le second élément du prix nécessaire de l'usage, c'est le dommage causé par la privation de la chose louée ou prêtée pendant la durée de la location ou du prêt. Il faut que ce dommage soit compensé, sinon le propriétaire de la chose préférera la conserver ou l'employer lui-même d'une manière ou d'une autre. La prime de compensation s'élève plus ou moins haut selon le profit ou la jouissance que l'on peut tirer de la chose en l'employant soi-même.

Ces deux primes réunies sont les éléments constitutifs du prix nécessaire de l'usage de tous les produits et services.

En résumé, la production divisée implique l'échange. L'échange se divise en deux parties, grâce à la création d'un intermédiaire, servant d'équivalent. Il s'effectue au comptant ou à crédit. Il peut encore consister non dans la vente de la chose, mais dans celle de l'usage. L'instrument qui a permis de diviser ainsi l'échange, et d'opérer les diverses transactions que nous venons d'énumérer, c'est la monnaie.

Mais la monnaie ne remplit pas seulement la fonction d'équivalent ; elle remplit encore celle de mesure, et celle-ci n'est pas moins nécessaire que l'autre.

« Comment pourrai-je me faire une idée de ce que valent le blé, le vin, le coton, le thé, les habits, les outils, etc., si je ne rapporte point la valeur de chacune de ces choses à une unité commune, de manière à pouvoir constituer une échelle des valeurs, comme je constitue, au moyen de l'unité de grandeur, une échelle des grandeurs? Supposons qu'il n'existe point de mesure de grandeur, comment me ferai-je une idée de la hauteur comparative d'un arbre, d'une maison, d'une montagne? J'en serai réduit à dire : l'arbre a deux fois la hauteur de la maison, la montagne a cent fois la hauteur de l'arbre. Si le nombre des objets dont j'ai besoin de connaître la hauteur est petit, ce mode de mesurage pourra me suffire à la rigueur. Mais si ces objets se multiplient, il faudra bien que j'en choisisse un auquel je compare la grandeur de tous les autres. Il en est de même pour les valeurs. Supposons qu'il n'existe point d'étalon commun auquel on puisse rapporter la valeur de chacune des choses qui sont présentées à l'échange, j'en serai réduit à évaluer successivement et isolément ces choses. Je dirai tant de blé vaut tant de café,. c'est-à-dire telle quantité de blé a un pouvoir d'échange égal à celui de telle quantité de café, et ainsi pour l'infinie variété des produits ou des services qui font l'objet des échanges ; mais il me sera impossible de me faire une idée des rapports de valeur existant entre l'ensemble de ces choses, à moins que je ne possède une unité commune échelonnée par degrés où je puisse marquer le niveau de chacune de ces valeurs : de même que je ne pourrai me faire une idée précise des hauteurs comparatives de l'arbre, de la maison, de la montagne, etc., qu'à la condition de posséder une unité à laquelle je rapporte ces différentes hauteurs. Cette mesure commune me serait nécessaire alors même que la valeur de chacune des choses qui se présentent à l'échange ou qui doivent être additionnées ou partagées ne serait point sujette à varier ; à plus forte raison l'est-elle lorsque ces choses sont soumises à des variations incessantes de valeur.

« Quelle peut être cette mesure commune des valeurs? Évidemment une chose pourvue de valeur, de même que la mesure commune des grandeurs ne peut être qu'une grandeur. Comme on a pris le pied, la coudée, la brasse et finalement le mètre pour y rapporter les longueurs dont on veut connaître la mesure, il faut prendre une valeur pour y rapporter les valeurs qu'il s'agit de mesurer [1]. »

Il a donc fallu prendre, comme intermédiaire des échanges, des choses dont la valeur pût servir à la fois d'équivalent et de mesure, c'est-à-dire des choses qui pussent être divisées selon les besoins de l'échange, facilement transportées dans l'espace et le temps, et dont la valeur fût aussi stable que possible. On a choisi des articles qui remplissaient plus ou moins ces conditions, le blé, le sel, le tabac, le fer, et finalement deux métaux qui avaient, sous ces divers rapports, une supériorité manifeste, l'or et l'argent, avec l'auxiliaire du cuivre, du bronze ou du nickel. Cependant, ces deux métaux n'ont qu'assez imparfaitement les qualités nécessaires à la monnaie : comme équivalents, ils sont plus ou moins lourds et encombrants, l'argent surtout ; comme mesure, ils sont sujets à des variations sensibles de valeur, sinon dans l'espace du moins dans le temps. Il y a une monnaie infiniment plus parfaite comme équi-

---

[1] *Cours d'Économie politique*, t. II, 2ᵉ leçon, La Mesure de la Valeur.

valent, et qui pourrait l'être comme mesure, c'est la monnaie de papier gagée sur un ensemble de choses pourvues de valeur; malheureusement l'intervention de l'État dans l'émission de cette monnaie perfectionnée l'a rendue la plus instable de toutes[1].

Le développement du crédit a permis, au surplus, d'économiser l'emploi de la monnaie, tant par la création des lettres de change, des chèques et des autres instruments de crédit, que par l'institution des chambres de compensation des dettes ou *Clearing houses*.

Mais, pour le moment. il nous suffit de savoir au moyen de quel instrument les échanges ont été facilités et ont pu se multiplier, en rendant ainsi possible le développement de la division du travail, condition du progrès de l'industrie.

---

[1] Voir notre *Cours d'Économie politique*, t. II, La Circulation.

# CHAPITRE V

## La production. — Les agents et les instruments de la production.

Les utilités gratuites et les utilités produites ou les valeurs. — Que la production n'est qu'une création de valeurs. — Les trois catégories d'opérations de la production. — Les agents productifs. Forces et matériaux. — Qu'ils résident dans l'homme et dans les choses. — Les valeurs personnelles Comment elles se constituent. — Qu'elles forment par leur réunion les capitaux personnels. — Les capitaux immobiliers et mobiliers. — Qu'ils sont, comme les capitaux personnels, le produit du travail et de l'épargne. — Que les trois catégories d'agents productifs concourent à la production dans des proportions déterminées par la nature du produit.

La nature ne fournissant gratuitement à l'homme qu'une faible partie des pouvoirs nécessaires à la réparation de ses forces vitales, il est obligé de les produire. Il les produit, comme nous l'avons vu, sous l'impulsion du mobile de la peine et du plaisir, et en s'appliquant à obtenir un maximum de pouvoirs de réparation, en échange d'un minimum de dépense. Ces pouvoirs sont contenus dans des choses matérielles ou dans des services immatériels. Lorsqu'ils sont contenus dans des choses que la nature fournit gratuitement à l'homme, telles que la chaleur du Soleil, ils portent le nom d'*utilités*, lorsqu'ils sont contenus dans des choses produites par l'homme, ils portent le nom de *valeurs*. Les valeurs sont donc des *utilités produites*.

La production se résout ainsi en une création de valeurs ; elle comprend trois grandes catégories d'opérations : découverte des matériaux et invention des instruments de réparation des forces vitales, transformation et appropriation des matériaux à leur destination, transport de ces mêmes matériaux dans l'espace et le temps. Les différentes branches de l'industrie humaine rentrent dans ces trois catégories.

Les unes et les autres sont productives à des degrés divers. On produit, quand on découvre un pays, un minéral, un végétal ou un animal inconnu, et de nature à être utilisé ; on produit en inventant des machines, des outils ou des procédés qui permettent de multiplier les moyens de réparation des forces vitales avec une moindre dépense ; on produit en extrayant du sol les matériaux qu'il contient, tels que les minéraux de toute sorte, et en les employant à la confection des outils, machines, etc. ; on produit en semant du blé et d'autres plantes alimentaires ou industrielles et en transformant ainsi les matériaux que ces végétaux extraient du sol et de l'atmosphère, en des substances utilisables ; on produit en transportant le blé dans l'espace et le temps pour le mettre à la portée de ceux qui en ont besoin ; on produit même en rendant des services domestiques qui permettent à ceux qui les reçoivent de réaliser une économie de forces et de temps, qu'ils peuvent employer d'une manière plus utile.

Mais toute production exige la mise en œuvre des forces et des matériaux nécessaires pour effectuer les opérations de découverte, d'invention, d'extraction, de transformation et de transport dans l'espace et le temps. Ces forces et ces matériaux, l'homme les trouve en lui-même et dans le milieu où il vit. Il doit s'en emparer, les transformer en agents productifs, les associer dans certaines proportions et les appliquer à la production. En d'autres termes, il doit commencer par produire les agents productifs. Comment les produit-il? Par le travail et l'épargne.

La première opération qui s'impose à l'homme, et de laquelle dérivent toutes les autres, consiste à s'emparer de ses propres forces et à les maîtriser, de manière à pouvoir les appliquer à la destination qu'il juge utile. Cette opération préalable exige une dépense plus ou moins grande d'une force particulière : celle de la volonté, guidée par l'intelligence. Les forces physiques et morales dont il s'est emparé, il en fait des pouvoirs de production ou des valeurs. Ce sont des *valeurs personnelles*. Ces valeurs personnelles, ces pouvoirs dont l'homme s'est emparé par la mise en œuvre de sa volonté, constituent le premier agent de la production. Mais ils sont, pour ainsi dire, à l'état brut. Comparez les pouvoirs de production qui sont investis dans la personne d'un nègre du Congo à peine sorti de l'état sauvage et ceux que possède l'homme civilisé, et vous trouverez, en prenant, par exemple, deux groupes égaux en nombre de nègres, d'une part, d'Anglais ou de Français de l'autre, que les pouvoirs de production de ceux-ci sont cent fois ou mille fois plus considérables que les pouvoirs de ceux-là. A quoi tient cette différence ? Elle tient d'abord à ce que l'homme civilisé s'est emparé plus complètement de ses forces productives que ne l'a fait le nègre encore voisin de l'animalité, à ce qu'il est plus complètement le maître de les diriger. Elle tient ensuite à ce qu'il a accumulé une multitude de connaissances qui ont accru, de génération en génération, ses pouvoirs de production, autrement dit sa capacité productive.

Cependant pour découvrir ou inventer de nouveaux procédés et élargir le cercle de ses connaissances, l'homme civilisé a dû disposer d'un certain espace de temps. Au lieu de se borner à travailler pendant huit heures, pour subvenir à sa subsistance et à ses autres besoins quotidiens, qu'a-t-il fait ? Il a travaillé pendant dix heures, et il a « épargné » le produit de ces deux heures supplémentaires. Il a pu acquérir, au moyen de cette épargne ou de cette accumulation de moyens de subsistance, la disposition d'un certain nombre de journées, qu'il a employées à augmenter sa capacité productive, en accroissant, par l'exercice de ses facultés intellectuelles, la vigueur de son esprit et la somme de ses connaissances. Ce temps écoulé, il avait dépensé les moyens de subsistance épargnés, mais il possédait un accroissement de moyens de production qui lui permettait de rendre son travail plus fécond ; en d'autres termes, il avait transformé les valeurs épargnées sous forme de moyens de subsistance, en valeurs personnelles, avec un profit consistant dans la différence existant entre sa capacité antérieure et sa capacité actuelle.

Voilà comment se forment les valeurs ou les pouvoirs de production investis dans la personne. La réunion de ces valeurs ou de ces pouvoirs constitue le *capital personnel* de chaque individu, et ce capital personnel, qui est le premier des agents productifs, a sa source dans le travail et l'épargne.

Mais il ne suffit pas, pour produire, d'un capital personnel. Il faut y joindre un capital immobilier et mobilier. Pour produire du blé, par exemple, un homme en possession d'un capital personnel de forces, d'aptitudes physiques et morales et de connaissances techniques, doit disposer aussi d'un capital immobilier, consistant en une certaine étendue de terre propre à cette culture et en bâtiments d'exploitation, d'un capital mobilier consistant en animaux de travail, en machines, en outils, en semences, en approvisionnements destinés à l'entretien du personnel et du matériel, jusqu'à ce que le produit-blé soit récolté et réalisé. Ces deux sortes de capitaux ont, de même, leur source dans le travail et l'épargne.

Si nous voulons savoir comment les choses se sont passées à l'origine, nous trouverons que l'homme a dû employer, pour constituer des capitaux immobiliers sous forme de terres et de bâtiments d'exploitation, des capitaux mobiliers sous forme d'outils, d'approvisionnements, etc., exactement les mêmes procédés qu'il avait employés pour constituer son capital personnel. Il lui a fallu d'abord travailler pour se procurer, d'une manière ou d'une autre, par la chasse, la pêche, la récolte des fruits naturels du sol, les subsistances nécessaires à l'entretien de sa vie; il lui a fallu ensuite épargner une partie de ces subsistances, de manière à se procurer la disposition du temps indispensable pour approprier une certaine étendue de terre à la production du blé, construire des bâtiments, fabriquer des outils, tout en mettant en réserve une autre partie de ses provisions pour subvenir à l'entretien de son personnel et de son matériel jusqu'à la récolte.

Si nous examinons comment les choses se passent aujourd'hui, nous trouverons que les trois sortes de capitaux, personnels, immobiliers et mobiliers, employés à la production du blé, dans une exploitation quelconque, ont la même origine. Un homme en possession d'un capital personnel de forces et de connaissances que lui ont transmis les générations dont il est issu, et auquel il a ajouté ses propres acquisitions, veut entreprendre la culture du blé. Il lui faut, en premier lieu, une terre et des bâtiments d'exploitation. Comment se les procurera-t-il? En les achetant ou en les louant, au moyen d'un capital qu'il a dû constituer par le travail et l'épargne, et réaliser sous forme de monnaie, ou qu'il a emprunté à des gens qui l'ont constitué par les mêmes procédés. Il lui faut, en second lieu, des bêtes de somme, des machines, des outils, des approvisionnements et de l'argent pour payer le travail de ses ouvriers. Il se procure de même ces agents et ces éléments de production. Ces acquisitions ou ces emprunts faits, le capital dont il disposait sous forme de monnaie, c'est-à-dire sous la forme d'un instrument d'acquisition de toutes sortes d'instruments et de matériaux, ce capital, il ne le possède plus sous cette forme: car il a échangé sa monnaie contre de la terre, des bâtiments, des outils, des approvisionnements, mais il le possède sous la forme de ces instruments et de ces matériaux nécessaires à la production du blé. Examinez toutes les exploitations agricoles qui existent dans le monde, et vous trouverez qu'elles sont mises en œuvre par une réunion de pouvoirs de production investis les uns dans les personnes, les autres dans les choses, et constituant des capitaux personnels, immobiliers et mobiliers, vous trouverez encore, en remontant, par l'analyse, à la source de ces capitaux, qu'ils sont issus du travail et de l'épargne.

Si vous considérez toutes les branches de la production, qu'il s'agisse de découverte, d'invention, d'extraction, de transformation ou de transport, vous reconnaîtrez dans chacune des exploitations entre lesquelles elles se partagent, la présence de ces trois sortes d'agents productifs : capitaux personnels, immobiliers et mobiliers, ayant la même origine : le travail et l'épargne.

En résumé, toute production exige le concours de trois sortes d'agents productifs réunis dans des proportions déterminées par la nature de l'industrie. Ces agents sont les capitaux personnels, immobiliers et mobiliers. Nous allons voir comment ils sont mis en œuvre, et se reconstituent dans l'opération de la production.

# CHAPITRE VI

## La production. — Les entreprises.



Toute production s'effectue au moyen d'entreprises. Il y a, selon la valeur qu'il s'agit de créer sous la forme d'un produit ou d'un service, des entreprises de découverte ou d'invention, des entreprises scientifiques, artistiques, politiques, agricoles, industrielles, commerciales, etc. Toutes ces entreprises ont un trait commun, en ce qu'elles exigent la réunion, dans des proportions déterminées par leur nature, de capitaux personnels, immobiliers et mobiliers. Elles ont encore cet autre trait commun, qu'elles s'établissent en vue d'obtenir, en échange des valeurs constitutives des capitaux personnels, immobiliers et mobiliers, dépensés dans l'opération de la production, une somme de valeurs plus grande. — La différence constitue le profit et elle se résout en un accroissement de valeurs, autrement dit de pouvoirs vitaux ou de forces vitales,

Sous l'impulsion du mobile de la peine et du plaisir, l'homme est naturellement excité à obtenir la plus grande somme possible de ces pouvoirs ou de ces forces en échange de la moindre dépense, En conséquence, que fait-il? Il emploie de préférence les capitaux dont il dispose, à constituer les entreprises qui lui promettent le plus grand profit. Et, en obéissant à cette impulsion naturelle, il agit de la manière la plus conforme à son intérêt particulier de producteur et à l'intérêt général des consommateurs, À son intérêt, puisqu'il augmente au plus haut point la somme de ses forces vitales. A l'intérêt des consommateurs, puisqu'il met à leur disposition le produit ou le service qu'ils demandent avec le plus d'intensité, qu'ils estiment par conséquent le plus nécessaire à la conservation ou à l'accroissement de leur vitalité physique ou morale.

Comment produit-il? En mettant en œuvre les capitaux qu'il a réunis en vue de la production. L'analyse de diverses sortes d'entreprises nous montrera de quelle façon il procède et quels résultats il obtient.

Commençons par l'analyse d'une entreprise agricole, soit d'une entreprise de production du blé.

Il faut, pour produire du blé, que l'entrepreneur mette en œuvre, avec ses propres forces et ses connaissances techniques, celles d'un nombre plus ou moins considérable d'ouvriers, *capital personnel;* qu'il dispose d'une certaine étendue de terre, avec des bâtiments d'exploitation, *capital immobilier;* qu'il ait en sa possession des bêtes de somme, des instruments aratoires, des engrais, des semences, avec une avance de subsistances pour son personnel et d'entretien pour son matériel, jusqu'à ce que le blé soit récolté et réalisé par l'échange contre l'équivalent universel, la monnaie, *capital mobilier.* Ces capitaux sont, les uns entièrement détruits dans l'opération de la production : tels sont ceux que l'entrepreneur emploie sous forme de semences et d'avances de subsistances, les autres détruits seulement en partie : telles sont les forces investies dans le personnel et dépensées en travail, tels sont encore les instruments aratoires, les bêtes de somme, les bâtiments d'exploitation, le sol même. La valeur du produit réalisé doit couvrir celle des capitaux dépensés, avec un excédent. Une partie de cet excédent va aux fournisseurs des agents et des instruments de production dont l'entrepreneur dispose et qu'il met en œuvre, et constitue leur profit, l'autre partie constitue le sien.

Les capitaux personnels, immobiliers et mobiliers employés dans une entreprise forment, par leur réunion, le *capital d'exécution.* Ce capital est rarement, en son entier, la propriété de l'entrepreneur. Il ne l'est que par exception, même sous le régime de l'esclavage. Il ne l'est jamais sous tout autre régime. Il suffit que l'entrepreneur possède, avec son propre capital personnel de forces physiques et morales, et de connaissances techniques, un « capital mobilier » sous la forme des avances de subsistance nécessaires à son personnel, et des avances de location et d'entretien de son matériel. Cette portion du capital d'exécution constitue le *capital d'entreprise*, et, comme elle se compose principalement d'avances, elle doit être plus ou moins considérable selon que la réalisation du produit est plus ou moins lente ou rapide. Dans les entreprises de production du blé, et dans la plupart des autres entreprises agricoles, le produit ne pouvant être réalisé qu'après l'espace de temps assez long qu'exigent les opérations de la culture, la germination et la récolte, le capital d'entreprise doit être relativement plus élevé que dans la plupart des entreprises industrielles et commerciales.

Prenons maintenant pour exemple une entreprise industrielle, telle que la fabrication des tissus de coton. Il faut, pour produire des tissus de coton, un terrain sur lequel est construit l'usine, *capital immobilier*, des machines, des outils, des matières premières, des avances d'entretien et de subsistance, *capital mobilier*, un entrepreneur, des employés et des ouvriers, *capital personnel*. L'ensemble de ces capitaux constitue le capital d'exécution nécessaire à l'entreprise. Mais, de même que pour la production du blé, l'entrepreneur n'a besoin de posséder qu'une faible portion de ce capital. Il peut louer le terrain, l'usine et même l'outillage, et dans ce cas il lui suffit de posséder le capital nécessaire pour acheter le coton brut ou filé (s'il ne joint pas la filature au tissage), le charbon et les autres matières premières, salarier son personnel et pourvoir à son propre entretien jusqu'à ce que le produit, tissu de coton soit réalisé par l'échange contre l'équivalent universel : la monnaie. S'il a dû acheter le terrain, bâtir l'usine et faire fabriquer l'outillage, il lui a fallu disposer d'un capital d'entreprise beaucoup plus considérable. La portion de ce capital qu'il a investie sous la forme du terrain, de l'usine et de l'outillage, est communément désignée sous le nom de capital fixe, tandis que celle qui est employée à l'acquisition des matières premières et du travail, à son propre entretien, etc., porte le nom de capital circulant.

Dans une entreprise commerciale, nous retrouvons les mêmes agents productifs, quoique dans des proportions fort différentes. Le capital d'exécution d'une entreprise commerciale se compose d'un personnel ordinairement peu nombreux, consistant dans le négociant-entrepreneur, et ses employés, commis et magasiniers, *capital personnel*, d'un simple bureau et de magasins, *capital immobilier;* en revanche, d'une quantité relativement considérable de marchandises, avec quelques avances de subsistance et d'entretien, *capital mobilier*. Le capital d'entreprise doit être proportionné à l'espace de temps qui sépare la vente de ces marchandises de leur acquisition. Si le négociant achète au comptant et vend à crédit, cet espace de temps se trouve agrandi de manière à exiger un accroissement notable du capital d'entreprise ; si, au contraire, il achète à crédit et vend au comptant, il pourra exécuter ses opérations productives, avec un capital d'entreprise qui suffira simplement à couvrir le risque de non-vente.

Enfin, dans une entreprise de production de « produits immatériels » ou de services, tels que ceux de l'enseignement, du culte, etc., nous retrouvons encore le capital d'exécution, investi dans tous les agents et matériaux qui coopèrent à la création du service, et le capital d'entreprise, ou la part que doit posséder l'entrepreneur dans le capital d'exécution. S'il s'agit d'enseignement, le capital d'exécution est investi dans l'entrepreneur, les professeurs et les employés, *capital personnel*, dans le terrain et les bâtiments de l'école, du lycée ou de l'université, *capital immobilier*, dans l'ameublement et les instruments qui servent à l'instruction : livres, cartes, matériel des laboratoires, etc., et dans les avances de subsistance du personnel et d'entretien du matériel, *capital mobilier*. Le capital d'entreprise consiste dans la portion du capital personnel qui est investie dans les facultés et les connaissances de l'entrepreneur, et dans celle du capital mobilier qu'il doit posséder jusqu'à ce que les services se trouvent réalisés par le paiement de l'instruction fournie. S'il s'agit de services religieux, le capital d'exécution se compose de l'église ou du temple et de son mobilier, du personnel des desservants et des avances nécessaires pour subvenir à l'entretien de ce matériel et de ce personnel. L'entrepreneur — ordinairement une Société ou communauté — doit posséder une partie plus ou moins grande de ce capital d'exécution, soit sous la forme des immeubles et du mobilier, soit sous celle des avances qu'exigent la location des immeubles, l'entretien du mobilier et la rétribution du personnel, jusqu'à ce que les contributions des fidèles renouvellent le capital ainsi employé.

Pour qu'une entreprise puisse subsister, il faut que l'ensemble des capitaux mis en œuvre soient reconstitués avec un profit équivalent à ceux des autres branches de la production. Si le produit réalisé ne suffit pas à les reconstituer, il est clair que la production dont ils sont les agents ou les matériaux doit diminuer. Si le profit n'est pas équivalent à ceux des autres branches de la production, il est clair encore qu'une partie de ces capitaux se détourneront d'un emploi moins productif, et que la production diminuera de même. Si, au contraire, le profit dépasse ceux des autres branches de la production, les capitaux afflueront dans ce genre d'entreprise jusqu'à ce que l'équilibre soit rétabli.

On ne tient compte d'habitude que de la part de l'excédent qui constitue le profit de l'entrepreneur et qui rémunère avec son capital personnel, son capital d'entreprise. C'est, en effet, celle qui détermine les entrepreneurs à engager dans la production leur personne et le capital d'entreprise dont ils disposent. Mais si les détenteurs des autres parties du capital d'exécution, les employés et les ouvriers, les propriétaires du sol, des bâtiments et d'une portion quelconque de l'outillage, non compris dans le capital d'entreprise, ne reçoivent pas une part de l'excédent et à plus forte raison la somme nécessaire pour reconstituer leurs capitaux, ils les détourneront d'une industrie qui les laisse en moindre gain ou en perte, et quand même l'entreprise réaliserait un profit égal, ou même supérieur à ceux de la généralité des industries, la production à laquelle elle s'applique finirait par diminuer et disparaître.

# CHAPITRE VII

## La réalisation du produit. — L'équilibre
## de la production et de la consommation.

Aperçu général de la production. — La coopération des industries
pour la satisfaction d'un besoin. — Diversité des formes et des
éléments constitutifs des entreprises. — Que toutes les entreprises ont le même objectif: le profit — Comment se réalise le
profit. — Comment les profits de toutes les industries tendent à
s'établir à un niveau commun, qui est leur taux nécessaire. — Éléments constitutifs du taux nécessaire. — Qu'on ne peut obtenir
un produit quelconque qu'à la condition de fournir un équivalent des frais de production de ce produit en y comprenant le
profit nécessaire du producteur. — Rôle de l'équivalent universel.
— Comment la production et la consommation tendent continuellement à s'équilibrer au niveau des frais de production et du
profit nécessaires.

Si vous considérez le spectacle que présente, dans
le monde économique, le domaine de la production,
vous verrez que ce domaine se partage entre une
multitude d'industries ayant pour objet la satisfaction d'un besoin matériel, intellectuel ou moral, ou,
ce qui revient au même, la réparation, le renouvellement et l'accroissement d'une catégorie de forces
vitales. La satisfaction d'un besoin, la réparation
d'une catégorie de forces vitales exige communément
la coopération de plusieurs industries différentes.
Ainsi, le besoin d'alimentation matérielle est satisfait par la coopération des industries agricoles, du

commerce et de la préparation de la plupart des
denrées alimentaires, et ces industries à leur tour
ne peuvent fonctionner qu'avec le concours des arts
mécaniques. Vous constaterez encore que chacune
de ces industries, que la statistique énumère et classe
suivant leur nature particulière sous les dénominations
d'agriculture, d'industrie, de commerce, d'arts et de
professions libérales et autres, est partagée entre un
nombre plus ou moins grand d'entreprises. Ces entreprises sont mises en œuvre par des agents productifs de diverse sorte, associés dans les proportions
requises par la nature de l'industrie, et que l'on
peut ranger en ces trois catégories : capitaux personnels, immobiliers et mobiliers. Elles se présentent
sous des formes diverses, avec des dimensions
et une durée inégales : les unes sont constituées et
dirigées par un seul individu, les autres par des associations diversement organisées. Les dimensions et
la durée ne sont pas moins variées : certaines entreprises n'emploient qu'une somme insignifiante de
capitaux et n'ont qu'une durée presque éphémère;
telle est celle du chiffonnier, qui ne possède d'autres
capitaux que sa personne, sa hotte et son crochet,
avec l'avance de sa subsistance et de son entretien
pendant quelques jours, parfois même pendant une
seule journée, et dont la durée ne s'étend qu'excep-
tionnellement, par voie d'hérédité, au delà de l'existence de celui qui la pratique. D'autres, en revanche,

telles que les entreprises politiques, qui ont pour objet spécial de pourvoir à la sécurité intérieure et extérieure d'une nation, et qui, par le vice de leurs constitution et grâce à l'ignorance de leur clientèle, ont accaparé des industries étrangères à leur spécialité, comptent leurs capitaux par milliards et sont établies en vue d'une durée illimitée ; les entreprises de chemins de fer, de navigation, de mines, certaines entreprises de banque, de commerce, de manufacture sont mises en œuvre, de même, par de puissantes agglomérations de capitaux, et elles étendent le cercle de leurs opérations au loin dans l'espace et le temps. Mais toutes, grandes ou petites, et quelle que soit la nature du besoin auquel elles pourvoient, ont le même objectif : la réalisation d'un profit, c'est-à-dire d'un accroissement de forces vitales, par conséquent d'un plaisir ou d'une épargne de peine.

Cet objectif commun à toutes les entreprises, comment l'atteignent-elles ? Nous l'avons vu au chapitre précédent : en obtenant par la réalisation de leurs produits ou de leurs services, une somme de valeurs (utilités produites) supérieure à celle des agents et des matériaux qu'elles ont usés ou consommés dans l'œuvre de la production. L'excédent constitue le profit des propriétaires des agents et des matériaux employés à produire.

Nous avons vu encore que les profits de toutes les industries tendent incessamment à s'équilibrer et nous avons expliqué pourquoi. Il nous reste maintenant à connaître le niveau commun auquel ils tendent à s'établir.

Comment et où s'établit ce niveau?

Comment? Il s'établit au moyen de l'échange ; tous les produits et services, à l'exception de ceux, de plus en plus rares dans un milieu civilisé, qui sont consommés par le producteur lui-même, s'échangeant directement par le troc ou indirectement par l'intermédiaire de l'équivalent universel : la monnaie. Dans cet échange, ce sont les plus demandés et les moins offerts qui obtiennent le prix le plus élevé, soit une quantité plus grande des autres produits et services. Ce qui signifie que l'utilité ou le pouvoir de réparation des forces vitales qu'ils contiennent est relativement plus considérable que celui des produits ou services contre lesquels ils sont échangés. Or, les consommateurs des produits ou services demandant naturellement, de préférence, ceux qui satisfont le besoin qu'ils jugent le plus urgent, les producteurs de ces produits et services en obtiennent, naturellement aussi, une quantité plus forte représentant la même somme d'utilité. Le profit s'élève avec le prix, et en s'élevant dépasse le niveau commun. Alors, l'appât de ce profit supérieur attire un supplément de capitaux, la production augmente, le prix baisse et le profit diminue jusqu'à ce qu'il retombe au niveau commun.

Où s'établit ce niveau? Il s'établit au taux nécessaire pour que les capitaux personnels, immobiliers et mobiliers soient créés et attirés dans la production.

Si nous analysons les éléments de ce taux nécessaire du profit, nous trouverons qu'il doit couvrir :

1° Le risque de non-rétablissement et de non-rétribution auquel sont exposés tous les capitaux dans n'importe quelle branche de la production. Ce risque, qui est plus ou moins élevé selon la nature de l'industrie et les circonstances du milieu, doit être couvert par une prime proportionnée à son élévation, sinon les capitaux s'abstiennent de s'engager dans la production ou sont détruits lorsqu'ils s'y engagent;

2° Le dommage que subit le propriétaire d'un capital, par le fait de la non-disponibilité ou de la privation de ce capital pendant la durée de son engagement. Ce dommage est plus ou moins grand, en premier lieu, selon que la durée de l'engagement est plus ou moins longue ; en second lieu, selon que le propriétaire du capital est plus ou moins exposé à subir des pertes ou des manque à gagner par le fait de la non-disponibilité. Toutefois, il convient de remarquer que le dommage résultant de la non-disponibilité ou de la privation, et par conséquent la compensation qu'il exige, peuvent être réduits et même presque supprimés, lorsque le capital engagé dans la production est rendu mobilisable.

Ce n'est pas tout, Quand même ces deux éléments du taux nécessaire du profit se trouvent entièrement couverts, il faut, pour que le propriétaire de produits capitalisables se décide à les capitaliser au lieu de les consommer, et après les avoir capitalisés consente à les engager dans la production au lieu de les conserver inactifs, il faut, disons-nous, qu'un motif, un *intérêt* fasse pencher la balance du côté de l'engagement. Cet intérêt peut être très faible, mais encore faut-il qu'il existe, et il s'ajoute à la prime du risque et à la compensation du dommage pour constituer le taux nécessaire vers lequel tendent continuellement à s'établir les profits de toutes les branches de la production.

Ainsi donc, grâce à l'appât d'un profit réprésentant une acquisition de forces supérieure à la dépense, partant une somme de plaisir supérieure à la peine, tous les besoins dont la satisfaction est nécessaire à l'entretien et au développement de la vitalité physique, morale et intellectuelle de l'espèce sont satisfaits dans la mesure de leur intensité.

Chaque besoin suscite la création des industries dont les produits ou les services sont propres à le satisfaire, et ces industries se partagent entre un nombre plus ou moins grand d'entreprises qui ont pour objectif un profit. Mais toute entreprise de production exige la mise en œuvre d'agents et de matériaux de diverses sortes, réunis dans des proportions déterminées par la nature du produit ou du service qu'il s'agit de créer. Ces agents et ces matériaux, que nous avons rangés sous les dénomination de capitaux personnels, immobiliers et mobiliers, sont les uns usés, les autres consommés dans l'œuvre de la production. Il faut qu'ils soient intégralement rétablis pour que la production puisse être continuée, par conséquent il faut que la réalisation du produit ou du service par l'échange couvre ses frais de production. Il faut encore qu'elle ajoute aux frais de rétablissement des capitaux engagés un profit qui couvre le risque et le dommage qu'implique tout engagement de capitaux, avec un intérêt suffisant pour déterminer cet engagement.

Que résulte-t-il de là? C'est que l'individu qui éprouve un besoin de réparation de ses forces physiques, intellectuelles ou morales, ne peut le satisfaire qu'en fournissant l'équivalent des frais et du profit nécessaires pour que le produit ou le service propre à cette satisfaction soit créé. Il doit donc, de son son côté, entreprendre une production ou coopérer à une entreprise en y engageant un capital personnel, immobilier ou mobilier. Car il ne peut obtenir un produit ou un service qu'en offrant un autre produit ou service, propre à la satisfation d'un besoin. Il faut, en outre, que ce produit ou ce service qu'il offre couvre ses frais avec un profit, pour que la production puisse en être continuée.

Chacun se trouve ainsi obligé de produire et d'offrir des produits et des services pour obtenir en échange ceux qu'il demande. Grâce à l'intervention de la monnaie cet échange peut s'effectuer de manière à permettre à tous les entrepreneurs de production d'offrir à ceux qui en ont besoin, leurs produits ou leurs services contre un équivalent universel et d'échanger ensuite cet équivalent, à leur heure et dans les proportions qui leur conviennent, contre les produits ou services dont ils ont besoin eux-mêmes. Tous les entrepreneurs ou coopérateurs de la production se présentent donc aux marchés d'échange tantôt pour offrir leurs produits ou services en demandant l'équivalent universel, tantôt pour offrir l'équivalent universel en demandant des produits ou services.

Selon la quantité plus ou moins forte qu'ils obtiennent de ceux-ci, après cette double opération dans laquelle se résout l'échange, ils couvrent ou non leurs frais et leur profit nécessaires.

Dans le premier cas, ils peuvent continuer et accroître leur production.

Dans le second cas, ils sont obligés de diminuer leur production ou même de cesser de produire.

Cela étant, comment s'expliquer la tendance de l'offre de tous les produits et services à s'ajuster ou s'équilibrer avec la demande, de manière à couvrir leur frais de production avec adjonction du profit nécessaire, ni plus ni moins ?

Ce phénomène est produit par l'opération des lois naturelles qui gouvernent le monde économique, et cette opération peut être aisément analysée.

Sous l'impulsion du mobile de la peine et du plaisir qui pousse les hommes, comme toutes les autres créatures, à économiser leurs forces, partant à obtenir la plus grande quantité de pouvoirs réparateurs de leurs forces vitales en échange de la moindre dépense, les producteurs et coopérateurs de la production portent de préférence leurs capitaux dans les industries qui procurent les profits les plus élevés. Or, ces industries sont celles dont les produits ou services sont le plus demandés, qui répondent par conséquent aux besoins les plus intenses de réparation des forces vitales. Ces produits ou services s'échangent contre la proportion la plus forte de tous les autres ou, ce qui revient au même, de l'équivalent universel : la monnaie. L'élévation de cette proportion, marquée par le prix, détermine celle du profit. Mais dès que le profit d'une industrie dépasse celui des autres, les capitaux y sont attirés avec une rapidité d'autant plus grande que la différence est plus forte. L'apport d'un supplément de capitaux, la création de nouvelles entreprises ou l'accroissement des entreprises existantes, augmentent la production; la concurrence d'un supplément de produits offerts, en satisfaisant plus amplement le besoin auquel ils répondent, diminue l'intensité de la demande, le prix baisse avec une accélération déterminée par la loi de progression des valeurs, le profit baisse avec le prix jusqu'à ce qu'il tombe au niveau commun, ou même au-dessous. Dans ce dernier cas, une partie des capitaux engagés est détruite ou se retire jusqu'à ce que le profit se relève de manière à atteindre le niveau. C'est, en un mot, une gravitation économique, dont l'effet est d'établir, sauf l'action de causes perturbatrices provenant de l'imperfection de l'homme et du milieu, l'équilibre nécessaire entre la production et la consommation.

# CHAPITRE VIII

## La répartition des produits entre les coopérateurs de la production.

Que les agents productifs, capitaux personne's, immobiliers et mobiliers ne peuvent être mis et demeurer au service de la production, qu'a la condition d'être rétablis intégralement avec adjonction d'une part proportionnelle de profit. — Que ce résultat est obtenu par l'opération des lois naturelles. — Du partage éventuel du produit des entreprises. — Que cette forme de la répartition ne répond pas à la situation et aux convenances du plus grand nombre des détenteurs des agents productifs. — Exemples de la production du blé et des tissus de coton. — Le capital d'exécution et le capital d'entreprise. — La part fixe du capital d'exécution : le fermage, le loyer, le salaire, l'intérêt. — La part éventuelle du capital d'entreprise : le profit, le dividende, la part dans les bénéfices. — Analyse d'une entreprise de chemins de fer au point de vue de la répartition. — L'intérêt du capital‑obligations et le dividende du capital‑actions. — Le capital d'entreprise qui reçoit sa part sous la forme d'un profit ou d'un dividende est‑il un parasite ? — Résumé des formes de la répartition.

Nous avons constaté : 1º Que toute production s'opère au moyen d'entreprises ; 2º Que toute entreprise exige la coopération d'une quantité plus ou moins considérable de capitaux personnels, immobiliers et mobiliers, réunis dans des proportions déterminées par la nature de la production ; 3º Que la réalisation des produits ou des services créés dans l'opération de la production doit rétablir intégralement les capitaux engagés dans les entreprises, avec adjonction d'un profit qui couvre les risques, compense le dommage que subissent leurs propriétaires en les engageant, et leur procure un intérêt suffisant pour les déterminer à s'en dessaisir; enfin, 4° Que les lois naturelles de l'économie des forces, de la concurrence et de la progression des valeurs agissent pour déterminer la réalisation des produits et des services de la généralité des entreprises à un taux qui rétablisse l'ensemble des capitaux engagés avec le profit nécessaire, ni plus ni moins.

Ces mêmes lois, qui agissent pour ajuster utilement la production avec la consommation, en imposant simplement aux consommateurs le remboursement des frais nécessaires de la production, agissent encore pour régler la répartition des produits et services entre les agents productifs : capitaux personnels, immobiliers et mobiliers.

De même que les entreprises ne peuvent se créer et subsister qu'à la condition de couvrir leurs frais et de réaliser un profit, les capitaux qui y coopèrent ne peuvent être mis et demeurer au service de la production qu'à la condition d'être rétablis intégralement dans l'opération productive et de recevoir une part de profit. L'action des lois naturelles consiste à répartir proportionnellement le profit entre les différentes catégories de capitaux. En effet, quand l'une de ces parts vient à tomber au-dessous d'une autre, l'épargne s'investit de préférence dans celle-ci, la production et l'offre de cette catégorie, à l'état de déficit, s'accroissent, celles de la catégorie à l'état d'excédent diminuent jusqu'à ce que le rétablissement de l'équilibre ramène la proportionnalité.

Cette tendance à la proportionnalité de la répartition des produits entre les différentes catégories de capitaux se manifeste, quelles que soient les formes de cette rétribution.

Il semblerait, au premier abord, que la rétribution des capitaux engagés dans les entreprises dût s'opérer toujours et partout sous la même forme, celle du partage éventuel du produit ou du service réalisé au moyen de l'équivalent universel : la monnaie. Il en serait ainsi, si les propriétaires de ces capitaux consentaient à attendre que le produit fût réalisé et à courir le risque de sa réalisation pour se le partager.

Mais cette forme de la participation aux entreprises ne répond pas à la situation et aux convenances du plus grand nombre, nous pourrions dire même de la presque totalité des coopérateurs de la production. Des combinaisons mieux appropriées à cette situation et à ces convenances ont été inventées et ont prévalu, sans altérer toutefois l'opération des lois naturelles, pour régler la répartition proportionnelle des produits et des services.

La généralité des entreprises est constituée et mise en œuvre, comme nous l'avons vu, soit par un individu, soit par une association qui ne possède qu'une portion des capitaux employés à l'exécution du produit ou du service, et se charge de rétribuer l'autre portion. De là, différentes formes de rétribution.

Nous apprendrons en quoi elles consistent, en reprenant les exemples que nous avons cités de la production du blé et des tissus, du coton.

Il faut, pour produire du blé, la réunion et la coopération d'un certain nombre d'agents et de matériaux adaptés à ce genre de production : 1º Un personnel composé d'hommes pourvus des forces et des connaissances qu'exige la culture du blé ; 2º Une certaine étendue de terre cultivable ; 3º Des bêtes de somme, des instruments aratoires, des engrais, des semences ; enfin, 4º Des avances de subsistance du personnel et d'entretien du matériel jusqu'à ce que le produit-blé soit réalisé. Il se pourrait sans doute que les propriétaires de ces divers agents productifs s'associassent pour constituer l'entreprise, la gouverner et s'en partager proportionnellement les produits. Mais ce mode de constitution ne répondant ni à la situation, ni aux convenances de la plupart d'entre eux, voici celui qui a généralement prévalu : un homme qui possède un capital investi dans sa personne, et composé des forces et des connaissances requises pour la culture du blé, plus un capital mobilier sous forme de bêtes de somme, d'instruments aratoires, de semences, etc., ou bien encore la somme de monnaie nécessaire pour les acquérir, entreprend la culture du blé avec cette portion du capital d'exécution qui constitue son capital d'entreprise. Mais il a besoin, en outre, d'un lot de terre cultivable. N'ayant pas assez de ressources pour l'acheter, il s'en procure l'usage pour un certain espace de temps, un an, trois ans ou davantage, soit en offrant au propriétaire une part du produit éventuel, soit une part fixe, un *loyer* ou *fermage*. Il a besoin aussi d'un certain nombre d'ouvriers. Comme leur situation ne leur permet point d'attendre la réalisation du produit et de participer aux risques de la production et de la réalisation, il les engage moyennant une part avancée et fixe, un *salaire*. S'il ne possède pas tout le capital mobilier qui lui est nécessaire, il en demande de même un complément à un capitaliste, en échange d'une autre part fixe, un *intérêt*. Sur le produit de sa culture, il paie le loyer, le salaire et l'intérêt; avec le restant, il reconstitue son capital d'entreprise, augmenté ou non d'un profit.

Dans l'industrie des tissus de coton, nous retrouvons le même mode de constitution des entreprises et de répartition des produits. Seulement l'entrepreneur, au lieu d'être un individu, est le plus souvent une association plus ou moins nombreuse. Mais, pour la production des tissus, comme pour celle du blé, il faut, quoique dans d'autres proportions, des capitaux personnels, immobiliers et mobiliers, sous forme d'employés et d'ouvriers, de terrain, de bâtiments d'usine, de machines, d'outils, de matières premières, d'avances·de subsistance et d'entretien. L'entrepreneur, individu ou société, se borne à constituer un capital d'entreprise qui n'est qu'une fraction plus ou moins forte du capital d'exécution. Il investit une partie de ce capital en machines et en outils, et il emploie l'autre partie à l'acquisition des matières premières de sa fabrication, à la location des terrains et des bâtiments de l'usine, au paiement des salaires des ouvriers, et à son propre entretien. Il faut que ce capital d'entreprise soit assez considérable pour pourvoir à ces divers emplois et couvrir les risques de la production ; s'il ne l'est point, l'entrepreneur en emprunte une partie, moyennant un intérêt, ordinairement sous forme d'avance ou d'escompte de réalisation du produit. Dans ce cas, comme dans le précédent, le produit sert d'abord à rétablir et à rétribuer la partie du capital d'exécution qui est acquise, louée ou empruntée, ensuite l'autre partie, celle qui constitue le capital d'entreprise.

Soumettons enfin à la même analyse une entreprise de chemins de fer. On pourrait concevoir, sans doute, qu'une entreprise de ce genre se constituât par l'association des différents propriétaires des capitaux personnels, immobiliers et mobiliers, dont l'ensemble forme le capital d'exécution, que les directeurs, les ingénieurs, les autres employés et les ouvriers (capital personnel), les propriétaires des terrains nécessaires à l'établissement de la voie, des gares et autres bâtiments, les constructeurs de la voie, des vagons, machines, outils et autres ustensiles (capital immobilier ou assimilé par destination), les extracteurs de charbon et les fournisseurs des autres matériaux (capital mobilier) s'associassent pour entreprendre la construction et l'exploitation d'un chemin de fer et s'en partager les produits ; mais cette association compliquée ne répondrait pas aux convenances de la plupart d'entre eux : les propriétaires de terrains, les constructeurs de la voie, des machines, des vagons, les extracteurs de charbon, les fournisseurs des autres matériaux, aussi bien que les employés et les ouvriers, préfèrent recevoir une rétribution fixe, les uns en vendant leurs agents productifs, les autres en en louant l'usage. Cela étant, comment l'entreprise se constitue-t-elle ?

Des hommes pourvus des connaissances requises conçoivent le projet d'établissement d'un chemin de fer et en évaluent le revenu probable. Si ce revenu leur paraît suffisant pour attirer les capitaux, ils fondent une société et demandent au public le capital d'entreprise nécessaire pour acheter le terrain, construire la voie et les bâtiments, se procurer le matériel et pourvoir à toutes les dépenses de l'exploitation. Ce capital d'entreprise, ils le demandent ordinairement sous deux formes, qui répondent aux

convenances de deux catégories de capitalistes :
ceux qui cherchent un profit élevé, quoique éventuel
et aléatoire, ceux qui préfèrent une rétribution
moindre, mais fixe et plus ou moins assurée. Aux
uns, ils offrent des actions, aux autres des obligations. Le produit sert d'abord à couvrir toutes les
dépenses de la production du service de la loco-
motion, dans lesquelles sont compris les profits des
agents productifs composant le capital d'exécution,
terrains, bâtiments, vagons, machines, charbon,
employés et ouvriers ; l'excédent ou le profit du
capital d'entreprise se partage ensuite entre le
capital-obligation et le capital-action. Le capital-obligation reçoit sa part fixe et plus ou moins assurée,
sous forme d'intérêt ; le capital-action reçoit la sienne,
si le produit a suffi à couvrir les dépenses de la production et la rétribution du capital-obligation, sous
forme de dividende.

Mais ce capital d'entreprise, divisé en actions et
en obligations, qui se partage ainsi l'excédent du
produit quand il y a un excédent, est-il, comme
l'affirment les socialistes, un parasite ? En supposant
que l'entreprise eût été constituée et mise en œuvre
par l'association des propriétaires de tous les agents
et matériaux composant le capital d'exécution, cet
excédent se serait partagé entre eux, mais n'auraient-
ils pas dû posséder et mettre en œuvre un supplément de capital destiné à pourvoir à l'avance des

frais de la construction et de l'exploitation jusqu'à la réalisation du produit et à couvrir les risques de non-réalisation? Ce supplément de capital, c'est le capital d'entreprise, et on ne peut l'obtenir pour l'engager dans une production quelconque sans le rétribuer.

On voit, par les analyses qui précèdent, que l'association intégrale des propriétaires des agents et des matériaux constituant le capital d'exécution des entreprises, avec la répartition proportionnelle des profits après réalisation du produit, ne répondait ni à la situation, ni aux convenances de la plupart d'entre eux. De là, séparation du capital d'entreprise et du capital d'exécution, et les formes diverses de la répartition.

Ces formes de la répartition se partagent en deux catégories : la part avancée et assurée, la part éventuelle et aléatoire.

La première comprend :

*Le salaire* et *les appointements*, part du capital personnel ; *le fermage* et *le loyer*, part du capital immobilier ; *l'intérêt*, part du capital mobilier, investi dans les matériaux qui se consomment ou se détruisent dans l'opération de la production, ou dans l'équivalent universel : la monnaie.

La seconde comprend :

*Le profit, le dividende ou la part éventuelle dans les*

*bénéfices*, et elle constitue la part du capital mobilier, qui n'est pas rétribuée par un intérêt, du capital immobilier, qui ne l'est point par un fermage ou un loyer, du capital personnel, qui ne l'est point par un salaire.

Nous verrons que ces différentes parts tendent continuellement à l'équivalence, sous l'impulsion des lois naturelles, et qu'elles gravitent vers le taux nécessaire pour reconstituer les capitaux engagés dans la production avec un profit suffisant pour déterminer leur engagement.

# CHAPITRE IX

## La part du capital personnel.

En quoi consiste le capital personnel. — Inégalité de ce capital d'un individu à un autre. — Le taux nécessaire de la rétribution du capital personnel. — Éléments constitutifs de cette rétribution. — Les frais d'élève, d'éducation, de chômage, etc., qu'elle doit couvrir. — Que ces éléments diffèrent d'un emploi à un autre. — D'où proviennent ces différences. — Absurdité de la théorie de l'égalité des salaires. — Que les éléments constitutifs de la rétribution du capital personnel ne sont pas fixes — Que les progrès de l'industrie ont pour effet de les modifier. — Comment. — Que le progrès industriel diminue la proportion du capital personnel employé et élève sa rétribution nécessaire. — Que le détenteur du capital personnel qui reçoit sa rétribution sous la forme d'une part avancée et assurée ou d'un salaire, doit payer sur sa part de profit l'intérêt de l'avance et la prime du risque. — Analyse résumée du salaire. — Que le taux courant du salaire gravite continuellement vers le taux nécessaire.

De même que le capital mobilier et le capital immobilier sont formés de valeurs ou de pouvoirs de production investis dans les choses, le capital personnel se compose de valeurs ou de pouvoirs de production investis dans les personnes. Ces pouvoirs consistent dans les forces physiques, intellectuelles et morales, et dans les connaissances nécessaires à la production. Les forces proviennent de la génération et se développent par l'éducation, les connaissances sont le produit d'un enseignement technique adapté à la destination productive de l'individu.

Ces valeurs ou ces pouvoirs de production sont essentiellement inégaux non seulement d'individu à individu, mais encore de peuple à peuple. Un million d'Anglais ou d'Américains du Nord, par exemple, en laissant de côté les oisifs des classes supérieures et le *caput mortuum* du paupérisme, représente un capital personnel infiniment plus considérable qu'un million de nègres ou de Peaux-Rouges. C'est une des lacunes de la statistique officielle, de ne tenir aucun compte de la valeur des populations ; cette valeur investie dans les personnes dépasse généralement celle qui réside dans les choses, et elle devrait figurer en première ligne dans l'inventaire des richesses d'une nation.

Le prix de vente ou le montant du loyer d'un esclave, le montant de la rétribution (salaire, appointements, parts de profit) d'un homme libre fournissent le compte du capital investi dans sa personne ou de son capital personnel. Ce prix de vente, ce loyer de l'esclave ou cette rétribution de l'homme libre varie suivant les fluctuations de l'offre et de la demande, mais elle gravite continuellement vers un « taux nécessaire » marqué par les frais de constitution, d'entretien et de renouvellement du capital, augmentés d'un profit suffisant pour déterminer son engagement et son maintien au service de la production. C'est la somme de ces frais et de ce profit que la rétribution du capital personnel doit couvrir ;

elle en constitue le taux nécessaire, qu'elle soit perçue sous forme de loyer, de salaire, d'appointements ou de part dans le profit éventuel des entreprises.

Une courte analyse des éléments constitutifs du capital personnel mettra en pleine lumière ce taux nécessaire de sa rétribution.

Tout individu arrivé à l'âge où il peut être employé à la production, a coûté une somme plus ou moins forte et nécessité une épargne. Il a fallu que ses parents épargnassent sur leur propre subsistance la somme indispensable pour le nourrir, l'entretenir et l'éduquer, sans lui demander aucun travail, pendant dix à douze ans dans les classes inférieures (quoique l'abus du travail des enfants ait trop souvent abaissé cette limite, au moins dans les populations libres); pendant vingt ans et plus dans les classes supérieures. Ces frais varient d'une somme de quelques centaines de francs à vingt ou trente mille et davantage. Cette somme, les parents l'ont puisée dans leur revenu, et épargnée en se privant des jouissances qu'elle pouvait leur procurer, pour l'investir dans l'enfant. Celui-ci, devenu homme, devra s'imposer la même dépense pour que la production puisse avoir à son service, d'une manière continue, de génération en génération, le même personnel. Il faudra donc que sa rétribution comprenne ses frais de renouvellement, c'est-à-dire la dépense qui a été faite pour lui, et qu'il devra faire, à son tour, pour pourvoir à son remplacement dans le grand atelier de la production. Il faudra encore que cette rétribution, après avoir pourvu à sa subsistance et à l'entretien de ses forces productives pendant qu'elles sont en œuvre, lui permette d'économiser la somme dont il a besoin pour subsister aux époques de chômage et dans la période plus ou moins improductive de la vieillesse. A quoi il faut ajouter la prime nécessaire pour couvrir les risques de sa coopération à la production, la compensation de la non-disponibilité de ses forces productives, pendant leur engagement, avec un intérêt suffisant pour déterminer le propriétaire du capital personnel à l'engager dans la production au lieu de le conserver inactif et improductif.

Tels sont les éléments constitutifs de la rétribution nécessaire du capital personnel.

Ces éléments diffèrent, en quantité et en qualité, d'une industrie et d'un emploi à un autre. Il y a des industries qui n'exigent que des facultés et des connaissances d'un ordre inférieur, peu coûteuses à produire et à renouveller, et dans lesquelles la période d'activité des travailleurs est longue. Telle a été jusqu'à présent la production de la plupart des denrées alimentaires. Il y en a d'autres dans lesquelles, par le fait de la nature particulièrement malsaine et périlleuse de leurs opérations, les facultés productives, sans être d'un ordre plus élevé, durent moins longtemps, dans lesquelles par conséquent la période d'activité de l'ouvrier est plus courte. Telles sont la fabrication des produits chimiques et la plupart des industries extractives. Il y en a d'autres encore qui exigent des facultés productives d'un ordre supérieur et des connaissances techniques coûteuses et lentes à acquérir. Tels sont les beaux-arts et les professions libérales. Enfin, dans la même industrie, il y a une hiérarchie naturelle d'emplois, depuis celui du simple ouvrier, *unskilled,* qui n'utilise guère que sa force physique, jusqu'à celui de l'entrepreneur, qui met surtout en œuvre des facultés intellectuelles et morales avec des connaissances techniques adaptées à la nature de l'entreprise. Ces facultés productives de l'entrepreneur sont plus coûteuses à produire, à entretenir et à renouveler, que celles du simple ouvrier, et leur rétribution nécessaire doit s'élever en conséquence.

Cette analyse ne démontre-t-elle pas, pour le dire en passant, que les rétributions du capital personnel sont naturellement diverses et inégales, et ne rend-elle pas évidente l'absurdité de la théorie de l'égalité des salaires ?

Cependant, les éléments constitutifs de la rétribution nécessaire du capital personnel ne sont pas fixes : ils se modifient incessamment, sous l'influence des progrès de l'industrie. Tout progrès de la *machinery* de la production a pour effet de remplacer l'effort physique de l'homme par un effort mécanique ou chimique, et d'élever, par là même, avec la qualité du travail du personnel, sa rétribution nécessaire. Tandis que, dans l'industrie des transports, par exemple, prise à son origine, l'homme fait office de bête de somme et déploie seulement de la force physique, dans cette industrie au point où le progrès l'a amenée, le personnel d'une entreprise de chemins de fer, ou de navigation à vapeur, ingénieurs, mécaniciens, employés de tous grades, met principalement en œuvre des facultés intellectuelles et morales et des connaissances techniques. La production, l'entretien et le renouvellement de ce personnel sont incomparablement plus coûteux que ceux d'un personnel de porteurs de fardeau, et sa rétribution nécessaire doit s'élever de la différence. Il en est de même dans toutes les autres branches de la production que le progrès a transformées : l'effet du progrès a été à la fois de diminuer la proportion du personnel en comparaison du matériel et d'élever la rétribution nécessaire de ce personnel [1].

[1] Réfutons, à ce propos, une erreur commune, propagée par l'ignorance des lois économiques. On argumente, en faveur du protectionnisme, de l'inégalité des salaires d'un pays à un autre, et on effraye les ouvriers européens de la concurrence des Hindous et des Chinois dont les besoins, dit-on, sont inférieurs aux leurs. Mais on néglige d'ajouter que cette inégalité des besoins a sa source dans celle de l'outillage. Le jour où les Hindous et les Chinois emploieront nos machines et nos procédés perfectionnés de production, ils devront mettre en œuvre des facultés supérieures, plus

En résumé, les propriétaires du capital personnel, comme ceux du capital immobilier et mobilier doivent recevoir, pour le mettre d'une manière continue au service de la production, une part du produit des entreprises qui couvre les frais et le profit nécessaires de ce capital.

Toutefois, cette part subit une réduction qui a sa raison d'être dans la forme sous laquelle elle est généralement perçue.

Chacun sait que l'immense majorité des propriétaires du capital personnel, ceux que l'on désigne sous la dénomination générique d'ouvriers, ne possèdent point les ressources nécessaires pour attendre que le produit ou le service à la création duquel ils coopèrent soit réalisé, et pour couvrir les risques de sa réalisation ; quand même d'ailleurs ils les posséderaient, la plupart d'entre eux, aussi bien que les propriétaires des capitaux immobiliers et mobiliers, préféreraient obtenir leur rétribution sous la forme d'une part avancée et fixe plutôt que sous celle d'une part retardée et aléatoire, sous la forme d'un loyer plutôt que d'une part de profit ou de dividende.

coûteuses à produire, à entretenir et à renouveler que celle· qu'ils déploient actuellement, et recevoir en conséquence une rétribution accrue dans la même proportion que les frais de production de leur travail. A quoi il faut ajouter que l'industrie hindoue ou chinoise produit à plus haut prix que la nôtre, en raison de l'imperfection de son outillage. Ce ne sont donc pas les industries à bas salaires qui ruinent les industries à hauts salaires : c'est le contraire qui est

Ce loyer de l'usage des forces investies dans le personnel, autrement dit du capital personnel, c'est le salaire.

En quoi donc consiste le « salaire nécessaire » ? Il consiste d'abord dans la somme des frais de production, d'entretien et de renouvellement des facultés productives, qui constituent le capital personnel, divisée par la période d'activité du propriétaire de ce capital, ensuite dans sa part de profit, moins le montant de l'avance et de l'assurance faites au salarié par l'entrepreneur d'industrie. Celui-ci joint ainsi les fonctions de banquier de ses coopérateurs ouvriers, et d'assureur de leur rétribution à celle d'entrepreneur, et il doit obtenir la rétribution afférente à cette seconde industrie qui s'ajoute à la première. L'intérêt et la prime que paie l'ouvrier, du chef de cette avance et cette assurance, absorbent naturellement une part plus ou moins considérable de son profit. Nous avons vu ailleurs par quel progrès de la division du travail dans la constitution des entreprises, elle pourrait être réduite [1].

---

[1] On pourrait exhausser le niveau général des salaires sans abaisser celui des profits des entrepreneurs, et même ameliorer leur situation, en modifiant et en perfectionnant la constitution des entreprises, en la rendant plus économique.

Nous sommes tellement habitués à l'organisation actuelle des entreprises que nous avons peine a comprendre qu'on puisse y introduire le moindre changement. Sous ce rapport comme sous bien d'autres nous sommes esclaves de la routine. Nous ne concevons pas, par exemple, que le travail puisse être fourni par les ouvriers et payé par les entrepreneurs autrement qu'il ne l'est aujourd'hui.

Mais la rétribution nécessaire n'est qu'un point idéal vers lequel gravite la rétribution effective, le prix courant ou prix du marché, et celui-ci est fixé par le rapport des quantités offertes et demandées. Quand, dans une catégorie d'emplois, les rétributions sous n'importe quelle forme s'élèvent au-dessus de celles des autres emplois, les capitaux personnels s'y portent de préférence; ils s'en éloignent, au contraire, lorsque les rétributions tombent au-dessous, et celles-ci sont ainsi constamment ramenées à un niveau commun.

Enfin, ce niveau commun vers lequel gravite, sous

Cependant le systeme genéralement en vigueur laisse fort à désirer soit qu'on se place au point de vue de l'intérêt de l'entrepreneur ou à celui de l'ouvrier. L'entrepreneur est obligé d'enrôler individuellement ses ouvriers, de faire surveiller leur travail par des contre-maîtres, de faire le compte de leurs journées, de payer leurs salaires en detail et a jour fixe après s'être procuré la somme de monnaie nécessaire Si un ouvrier gâche sa besogne ou laisse déteriorer une machine par son incurie, le recours que le patron a contre lui est le plus souvent illusoire; en outre quand une grève éclate — et les grèves se produisent surtout quand l'industriel a des commandes urgentes a executer, — il subit une perte sans pouvoir demander des dommages intérêts a ceux qui l'ont causee Il en serait autrement si, au lieu d'engager individuellement des ouvriers qui ne lui offrent et ne peuvent lui offrir aucune garantie, il avait affaire à une entreprise spéciale bien pourvue de capitaux, avec laquelle il pourrait traiter en bloc pour l'execution de tous les travaux de sa fabrique ou de son usine Je sais bien que cet intermédiaire existe dejà dans un certain nombre d'industries: c'est le marchandeur, mais le marchandeur est rarement pourvu des ressources necessaires, et son intervention aggrave parfois la situation des ouvriers, dont il rogne le salaire sans presenter des avantages notables aux entrepreneurs. Mais je suppose que l'industrie du marchandage, comme celle du placement, vienne à s'agrandir et à se perfectionner, qu'elle soit exercee par des societes, puissantes, disposant de capil'impulsion des lois naturelles, la rétribution des capitaux personnels, est marqué par la somme nécessaire pour les produire, les reconstituer et déterminer leur engagement dans la production. Si cette somme n'est pas atteinte par la rétribution effective, les capitaux existants ne peuvent se reconstituer intégralement, ils se détruisent peu à peu, et il s'en forme moins de nouveaux, l'épargne se ralentit ou s'emploie de préférence à la formation des capitaux immobiliers et mobiliers [1]. Si la rétribution effective

taux suffisants et d'un bon crédit, la situation changera : les industriels trouveront certainement des avantages notables à confier à ces intermediaires l'exécution des travaux de leurs usines : ils seront débarrassés du detail de l'enrôlement et de la surveillance des ouvriers, ils auront une garantie sérieuse contre les malfaçons et contre la non-exécution des travaux dans un délai stipule ; enfin — et pour ceux qui ne possèdent qu'un petit capital et un faible crédit, cet avantage aura une importance considerable — ils ne seront plus obligés de payer le travail comptant, toutes les semaines ou les quinzaines Ils pourront solder leurs fournitures de travail, comme celles des matières premieres, en effets à terme. Ils pourront, par consequent, payer le travail sensiblement plus cher, tout en réalisant de notables economies, par la simplification de leur surveillance, de leur comptabilite, la reduction du capital appliqué au paiement de la main-d'œuvre, la diminution de leurs risques, etc. D'un autre côte, l'intermédiaire, en le supposant bien pourvu de capitaux et jouissant d'un premier crédit, en supposant aussi qu'il possède une clientele nombreuse, pourra faire aux ouvriers des conditions bien superieures à celles de l'entrepreneur, et ils auront ainsi leur part du bénefice realise par le progrès du mécanisme des entreprises

(*La Pacification des rapports du Capital et du Travail*, « Journal des Économistes », mars 1892 )

[1] Il convient de remarquer toutefois que le rétablissement de l'equilibre est entravé par de nombreux obstacles, naturels et artificiels, et qu'il peut s'ecouler un tres long espace de temps avant que le prix courant du travail, abaissé par la surabondance de

dépasse au contraire la rétribution nécessaire, les capitaux personnels se multiplient jusqu'à ce que l'équilibre soit rétabli.

l'offre des bras et l'inégalité de situation des parties contractantes, remonte au niveau du prix nécessaire. Voir, a ce sujet, les *Notions fondamentales*, 2ᵉ partie, Progrès et Obstacles, chap. VIII, *La mobilisabilité du Travail et des Causes qui l'entravent*, et 3ᵉ partie, Programme économique, chap. IV, *Unification des Marches, La Mobilisation du Travail.*

# CHAPITRE X

## La part du capital immobilier.

En quoi consiste le capital immobilier. — Ce qui le caractérise. —
Éléments de sa rétribution nécessaire. — Qu'il n'y a aucune différence substancielle entre les deux catégories du capital immobilier, sol et sous sol et immeubles bâtis. — Comment se forme la
valeur du sol et du sous sol. — Industries qui contribuent a la
former. — La découverte et l'appropriation. — Éléments de l'impôt foncier. — Le morcellement et la mise en vente d'un domaine
territorial. — La spéculation et son rôle utile. — L'acquisition
définitive, l'exploitation directe, l'affermage et la location. — Particularités de la rétribution du capital immobilier. — Que ces
particularités ont leur source dans la non transportabilité du sol
et des autres immeubles dans lesquels il est investi. — La rente
et la plus-value. — Circonstances dans lesquelles elles se produisent. — Comment elles se distribuent et s'augmentent. —
Qu'elles sont l'objet d'une prévision et d'un escompte. — Qu'elles
ne sont point fixes. — Causes qui agissent pour les diminuer. —
Leurs limites naturelles. — Phénomènes de la crue et de la dé-
croissance de la rente et de la plus-value en Europe. — Que la
rétribution du capital immobilier, pas plus que celle des autres
capitaux, ne peut dépasser d'une manière permanente les frais
nécessaires pour le constituer et le mettre au service de la production. — A quoi aboutirait la nationalisation du sol.

Le capital immobilier se compose : 1° des matériaux utilisables et des forces productives contenues
dans le sol et le sous-sol ; 2° des bâtiments ou constructions de tous genres, auxquels il faut joindre les
machines et les autres objets mobiliers attenant à la
terre ou aux bâtiments, et que l'on qualifie d'immeubles par destination. Ce qui caractérise particulière-

— ment les choses dans lesquelles le capital immobilier s'investit, c'est qu'elles ne sont pas entièrement consommées ou détruites dans la création des produits ou des services, mais simplement usées ou détruites en partie, et que la part qui lui est afférente dans les résultats de la production ne consiste, en conséquence, que dans le prix de l'usage. Les éléments dont se compose ce prix sont : 1° La somme nécessaire pour former et reconstituer le capital; 2° La part de profit nécessaire pour déterminer les propriétaires de ce capital à l'engager dans une entreprise. Ces deux éléments réunis constituent la somme que la part éventuelle du produit, ou la part fixe et assurée doit couvrir pour que le capital puisse être mis et demeurer d'une manière permanente au service de la production, et c'est vers le montant de cette somme que gravite le prix effectif ou le prix courant de l'usage du capital immobilier.

On établit d'habitude, au point de vue de la rétribution, une distinction entre les deux catégories d'agents productifs ou de matériaux de production entre lesquels se partage le capital immobilier, et l'on désigne, sous le nom de profit foncier, de fermage ou de rente, la part de la première, de loyer celle de la seconde, mais il n'y a, comme nous allons nous en assurer, aucune différence substancielle entre ces deux catégories du capital immobilier et leurs rétributions.

L'analyse démontre, en effet, que si le sol et le sous-sol ne sont pas faits de main d'homme, comme les bâtiments, les autres constructions et immobilisations dans le sol, ils ne peuvent être appropriés au service de la production et transformés en capital immobilier qu'au moyen du travail et de l'épargne, et que leur valeur tout entière provient de cette source. Seulement, cette valeur, ils ne l'acquièrent que d'une manière successive, et elle est sujette à des variations plus durables que celle des autres agents productifs.

Le sol et le sous-sol ont été donnés gratuitement à l'homme par l'auteur de la création, mais à l'état brut. Il lui a laissé le soin de découvrir les terres et les matériaux divers qui servent à la production des choses nécessaires à sa subsistance et à son entretien, de les conquérir sur l'animalité inférieure, de les défendre contre les agressions des animaux et de ses semblables, de les rendre accessibles dans leurs différentes parties en y ouvrant des voies de communication. Ces premières opérations de l'appropriation du sol et du sous-sol à la production exigeaient la mise en œuvre de forces et de ressources supérieures à celles des individus isolés ; elles n'ont pu être accomplies que par des « États politiques », c'est-à-dire par des sociétés en possession des aptitudes, de l'armement, de l'outillage et des avances indispensables à la pratique de ce genre d'industrie. Le sol que ces sociétés avaient découvert et conquis, qu'elles défendaient et rendaient accessible, constituait leur domaine territorial, et la valeur de ce domaine avait sa source unique dans les opérations qui l'avaient préparé pour la production et transformé en un capital immobilier. Cependant, l'État ne pouvait l'employer lui-même, au moins pour la plus grande part, car l'agriculture et les autres industries exigeaient la formation d'entreprises spéciales et la coopération d'agents adaptés à l'exploitation du sol ou du sous-sol. Que faisait-il? Ce domaine qu'il avait créé, il le morcelait et il en vendait ou en louait les parcelles à des individus ou à des associations en possession des aptitudes, de l'outillage et des avances nécessaires pour entreprendre la production des subsistances ou exercer toute autre industrie. Le produit de ces ventes ou de ces locations lui permettait de reconstituer et de rétribuer les capitaux engagés dans l'industrie de la découverte, de la conquête, de la défense, en un mot de l'appropriation du domaine territorial. Comme toutes les autres industries, celle de l'appropriation se soldait, tantôt par un profit, tantôt par une perte. Dans le premier cas l'État était encouragé à poursuivre ses entreprises de découverte et de conquête, dans le second il était excité plutôt à abandonner les parties du domaine qui ne couvraient point leurs frais d'acquisition et de défense, et s'il les conservait d'habitude, c'était dans

l'espoir qu'elles deviendraient plus tard rémunéra-
trices ou bien encore parce que leur possession
facilitait la conservation des autres.

La forme de rétribution qui a été adoptée de préférence par les sociétés ou les États politiques, créa-
teurs d'un domaine territorial, a été celle de l'affermage pour une durée illimitée, moyennant une redevance fixe imposée aux fermiers successifs. Cette
redevance n'était autre que « l'impôt foncier ». On
trouve toutefois dans l'impôt foncier deux éléments
distincts : 1º Le loyer de la terre occupée par la suc-
cession des locataires, mais dont l'État conservait la
propriété, sans en avoir la disposition, ou « le domaine
éminent »; 2º Le prix de la sécurité de possession que
l'État se chargeait de garantir. C'était la forme de
rétribution qui prévalait généralement dans les pays
orientaux. Actuellement, dans les pays du nouveau
monde, par exemple, où la terre est vendue et non
louée, l'impôt foncier ou ce qui en tient lieu ne comprend que le prix de la sécurité.

Cependant, la totalité du domaine territorial n'est
pas louée ou vendue. Une partie demeure en possession de l'État et forme ce qu'on appelle, dans les
États monarchiques, le domaine de la Couronne;
ailleurs, le domaine public, soit que l'État ait jugé
nécessaire de la conserver ou qu'il veuille l'exploiter
lui-même, — en contrevenant ainsi, presque toujours
aux dépens de ses contribuables, au principe de la

division du travail, — soit qu'il n'ait point trouvé d'acquéreurs ou de locataires pour cette portion ordinairement la moins productive, parfois même complètement improductive du domaine territorial. C'est donc la location ou la vente de la portion morcelée et livrée à l'exploitation individuelle ou collective qui doit couvrir les frais et le profit nécessaires de l'industrie de l'appropriation.

Si l'État se trouvait dans les mêmes conditions qu'un entrepreneur ordinaire, il ne morcellerait le sol et ne le mettrait en marché qu'au fur et à mesure de la demande, et il en proportionnerait le prix au degré de fertilité et aux avantages de situation de chaque parcelle. Mais il peut rarement procéder ainsi. Autrefois, la société conquérante d'un domaine territorial était obligée d'en partager immédiatement au moins la plus grande partie entre ses associés et ses autres coopérateurs, pour rétribuer le concours qu'ils avaient apporté à la conquête, en leur imposant l'obligation de contribuer à la défense commune, en raison de l'importance de leur lot. Actuellement, ce mode de partage a disparu. Celui qui prévaut généralement dans les contrées récemment appropriées, telles que celles du nouveau monde, c'est le morcellement par parcelles égales et la mise en vente. à un prix uniforme, des terres publiques, sans aucune distinction de qualité et de situation. et sans aucune indication de nature à gui-

der utilement la colonisation. Ces opérations exigent
des aptitudes spéciales, que l'État ne possède point,
et elles sont accomplies par une industrie dont l'utilité est trop souvent méconnue, celle de la spéculation. Que font les spéculateurs? Ils acquièrent, au
moment de l'ouverture du domaine à la colonisation, les parcelles mises en vente à un prix uniforme, ils en apprécient les qualités productives et
la situation, et les revendent aux colons dans le
moment où ceux-ci en ont besoin. Cela étant, peut-
on dire que la spéculation soit une industrie parasite? Ne remplit-elle pas un office nécessaire, que
l'État remplirait, selon toute apparence, avec moins
d'efficacité et à plus grands frais : celui de mettre à
la disposition des colons le sol morcelé, selon leurs
convenances, dans le moment et le lieu le plus
avantageux? Si elle est mal conduite, si les spéculateurs se trompent dans leur appréciation des
avantages que présente une localité en comparaison
des autres, s'ils élèvent trop haut le prix des lots,
une réaction ne tarde pas à se produire, la colonisation se porte ailleurs ou s'arrête, et la spéculation
subit une perte au lieu de récolter un bénéfice. Mais,
en tous cas, elle ne peut faire payer trop cher le service qe'elle rend, car, du moment où ses profits
s'élèveraient au-dessus du taux nécessaire, les capitaux y seraient attirés jusqu'à ce que l'équilibre se
trouvât rétabli.

L'État et la spéculation ont donc créé la valeur du sol et l'ont transformé en capital immobilier, l'État en découvrant le sol, en l'occupant et en le rendant accessible, la spéculation en le mettant à la disposition des acquéreurs définitifs dans le moment, le lieu et les conditions les plus favorables. Les acquéreurs définitifs, qui constituent la classe des propriétaires, remboursent à leurs prédécesseurs les frais que ceux-ci ont faits pour créer le capital immobilier avec l'adjonction du profit de leur industrie. Ce capital, ils peuvent l'utiliser de deux manières : 1º En l'appliquant eux-mêmes à la production agricole ou à toute autre entreprise ; 2º En l'affermant ou le louant. Dans le premier cas, ils en tirent un profit foncier, dans le second, un fermage ou un loyer.

Les éléments de ces rétributions du capital immobilier, sans différer substantiellement de ceux du profit et du salaire du capital personnel, du profit et de l'intérêt du capital mobilier, présentent des phénomènes particuliers, qui proviennent de la non-transportabilité des agents productifs, dans lesquels s'investit le capital immobilier, nous voulons parler de la plus-value et de la rente.

Les phénomènes de la rente et de la plus-value se produisent graduellement lorsqu'un domaine territorial a été constitué et livré à l'appropriation et à l'exploitation privées. A mesure que la population augmente, les denrées alimentaires sont demandées en quantités de plus en plus grandes ; en même temps, on voit se former des agglomérations urbaines, dans les endroits dont la situation est favorable à la constitution de foyers d'industrie, de commerce ou simplement d'habitation. Mais les terres cultivables du domaine sont inégalement fertiles ; il y en a sur lesquelles on peut récolter trente hectolitres de blé par hectare, et d'autres sur lesquelles on n'obtient, avec la même dépense, que dix hectolitres. Dans les villes, il y a des rues fréquentées, où un magasin fait dix fois plus d'affaires que tel autre occupant la même étendue de terrain dans une rue déserte. Les terres les plus fertiles et les terrains les mieux situés sont, en raison de cette inégalité de rapport, demandés de préférence aux autres.

Cependant, la quantité de ces terres fertiles et de ces terrains favorablement situés est limitée et elle ne peut être augmentée. A mesure que la population s'accroît, les unes ne suffisent plus à la demande des producteurs des denrées alimentaires, les autres à celle des commerçants, des industriels, et des simples habitants. Il faut donc que les agriculteurs se rejettent sur les terres moins fertiles, les commerçants, les industriels ou les simples habitants sur les terrains et les bâtiments placés dans une situation moins avantageuse ou agréable. Mais, qu'arrive-t-il alors ? C'est que tous ces individus, qui ont besoin de terre, évaluent la somme que représente pour eux la supériorité des avantages des terres les plus fertiles ou les mieux situées, disons de première qualité, et qu'ils trouvent plus de profit à payer la plus grande partie de cette somme qu'à se contenter d'une qualité inférieure. Si un commerçant, par exemple, évalue ces avantages à un millier de francs par an, il aimera mieux subir une augmentation de loyer de 900 francs, que de transporter son commerce dans une rue moins fréquentée. Les propriétaires des terres les plus fertiles et des terrains les mieux situés verront ainsi s'accroître leur revenu, sans avoir à se donner aucune peine. la différence de l'ancien prix de loyer au nouveau constituera une *rente*. la terre augmentera de valeur, elle acquerra une *plus-value*.

La population continuant à s'accroître, et la production à se développer, les terres de deuxième qualité, au point de vue de la fertilité et de la situation, ne suffisent bientôt plus à la demande, il faut recourir successivement à ceux de troisième, de quatrième, de cinquième. A chacun de ces progrès de la demande, la rente et la plus-value des qualités qui s'échelonnent au-dessus de la dernière, s'élèvent dans la proportion des avantages de fertilité et de situation de chacune.

Tels sont les phénomènes de la rente et de la plus-value. L'observation incomplète de ces phéno-

mènes et de leurs causes a donné naissance à la
théorie de la nationalisation du sol, actuellement en
vogue. La rente et la plus-value, disent les promoteurs de cette théorie, provenant du développement
de la communauté et non de l'industrie des propriétaires, c'est à la communauté qu'elles devraient appar-
tenir.

Mais il convient de remarquer, en premier lieu,
qu'en achetant aux fondateurs du domaine territorial ou aux intermédiaires, les différents lots entre
lesquels il était partagé, les propriétaires n'ont pas
manqué de tenir compte de l'éventualité de la rente
et de la plus-value, qu'ils se sont contentés, en conséquence, d'un moindre revenu actuel, dans la prévision de l'accroissement de leur revenu futur. Cette
prévision s'est réalisée dans une large mesure pour
ceux qui avaient le mieux choisi leurs lots, dans une
mesure moindre, ou même ne s'est pas réalisée du
tout pour les autres : mais tous les membres de la
nouvelle société, tous les colons du nouveau domaine
ayant eu le choix entre l'acquisition et l'exploitation
du sol et les autres branches d'industrie, la classe des
propriétaires fonciers, considérée dans son ensemble
et dans le cours du temps, n'a pu réaliser des profits
supérieurs à ceux des autres classes ; c'est donc sans
aucun fondement qu'on l'accuse de s'être enrichie au
détriment du reste de la communauté.

Il convient de remarquer, en second lieu, que la

rente et la plus-value n'ont aucun caractère de fixité ; que les parties du sol qui en jouissent sont continuellement exposées à un risque de dépréciation ou de moins-value, même dans l'hypothèse du complet isolement du domaine territorial et de sa population. C'est ainsi que la découverte des matières colorantes qui remplacent la garance, a fait subir une moins-value croissante aux terres employées à cette culture ; c'est ainsi encore que les progrès de la sécurité intérieure, en permettant aux populations de descendre des collines couronnées d'un château fort, pour se loger plus à l'aise dans la plaine, ont causé la dépréciation progressive des terrains des villes hautes. Cette moins-value qui frappe certaines terres, sous l'influence d'un progrès ou d'un changement quelconque, vient naturellement en déduction de la plus-value que reçoivent les autres.

Enfin, la rente et la plus-value ont une limite naturelle qu'elles ne peuvent dépasser. Si le domaine territorial est isolé ou sans communications régulières et faciles avec le dehors, cette limite est marquée par la mise en exploitation de la dernière qualité des terres cultivables. Lorsque ces terres sont entièrement exploitées, le développement de la population s'arrête faute de subsistances, et le mouvement ascendant de la rente et de la plus-value du sol s'arrête avec lui. Si le domaine territorial vient à sortir de son isolement, si la population peut recevoir des subsistances de l'étranger et se répandre au dehors, la rente et la plus-value, après avoir été portées à leur maximum, diminuent à mesure que l'apport des subsistances et l'émigration de la population deviennent plus faciles.

Tels sont les phénomènes dont nous sommes témoins aujourd'hui dans les vieux pays de l'Europe centrale et occidentale. Aussi longtemps que les communications entre les nations civilisées sont demeurées difficiles et précaires, par le fait de la quasi permanence de la guerre, de la rareté et de la cherté des moyens de transport, l'apport des subsistances et l'émigration de la population n'ont pu se développer de manière à exercer une influence appréciable. Il en a été autrement depuis que la paix est l'état ordinaire et la guerre l'exception, et que les moyens de transport se sont accrus et perfectionnés. Les subsistances et les hommes eux-mêmes sont devenus de plus en plus « circulables »; ils ont pu être transportés d'un domaine territorial à un autre avec une rapidité croissante et à des prix de plus en plus réduits. Ces progrès ont eu et continueront d'avoir des conséquences de diverses sortes : 1° Le prix des subsistances tend à descendre au niveau des frais et du profit nécessaires de l'exploitation des terres de qualité supérieure des pays neufs, en déterminant ainsi l'abaissement progressif de la rente et de la plus-value des terres des catégories supérieure et moyenne des vieux pays, en cessant même de couvrir les frais de production et le profit nécessaires de la catégorie inférieure, en détournant par conséquent les capitaux personnels et mobiliers de s'y appliquer à la production des denrées alimentaires, et en les excitant à se porter vers des industries dont les produits peuvent servir à acheter les subsistances produites à moins de frais sur les terres supérieures des pays neufs; 2° Le progrès agricole est encouragé particulièrement sur les terres inférieures des vieux pays par la nécessité où se trouvent les exploitants d'améliorer leur outillage et leurs procédés ou d'abandonner leurs exploitations; 3° L'émigration s'accroît avec d'autant plus de rapidité que la différence entre les prix des terres des vieux pays et des pays neufs est plus grande. Les fondateurs de ces nouveaux domaines territoriaux rentrent alors dans leurs frais et réalisent un profit par la vente ou la location du sol. Lorsque leur profit dépasse celui des autres industries, la création de domaines concurrents est encore une fois encouragée, et si l'on songe quels espaces immenses restent encore disponibles pour la colonisation, on ne prévoit pas que l'industrie de l'appropriation des terres à la production puisse de sitôt avoir accompli son œuvre.

Que ressort-il finalement de cette analyse? C'est d'abord que l'industrie de l'appropriation des terres à la production, considérée dans ses différentes branches, fondation des domaines territoriaux, spéculation, occupation en vue de l'exploitation, ne peut, comme les autres, obtenir qu'une rétribution suffisante pour couvrir ses frais, avec adjonction du profit nécessaire; c'est ensuite que les frais d'appropriation des terres s'abaissant par le fait du perfectionnement des agents de découverte, de conquête et d'occupation, le taux général de cette rétribution sous forme de profit foncier, de fermage ou de loyer, doit s'abaisser dans la même proportion.

Cela étant, qu'arriverait-il si l'on s'avisait de nationaliser le sol? Deux cas pourraient se présenter. Si l'on confisquait, sans indemnité, la terre aux propriétaires actuels, on les spolierait du montant de leur rétribution nécessaire au profit des autres classes de la population, mais ce profit serait seulement temporaire, et il serait chèrement acheté. L'industrie de l'appropriation des terres cessant d'être profitable, on n'approprierait plus à la production de nouveaux domaines territoriaux, et la population finirait par s'arrêter, après avoir subi une hausse croissante des prix des subsistances à mesure qu'il aurait fallu mettre en culture des terres de qualité de plus en plus basse. — Si l'on rachetait les terres au prix du jour, la communauté qui les aurait acquises serait exposée à une perte inévitable, par le fait de la création de nouveaux domaines territoriaux et de la diminution de la rente et de la plus-value qui en seraient la conséquence. Accablée sous le faix d'une dette territoriale, dont le revenu qu'elle tirerait de la terre ne couvrirait plus l'intérêt, elle ne pourrait soutenir la concurrence des autres nations et tomberait en décadence.

# CHAPITRE XI

## La part du capital mobilier.

Nature du capital mobilier. — Qu'il est investi dans des choses fongibles, c'est-à-dire qui sont entièrement consommées ou echangées dans l'opération de la production, tandis que les personnes et les choses dans lesquelles sont investis les capitaux personnels et immobiliers ne sont usées qu'en partie. — Différences qui en résultent dans leur rétribution. — Causes pour lesquelles le capital mobilier est d'abord constitué généralement sous la forme de l'équivalent universel: la monnaie. — Qu'il demeure le moins longtemps possible sous cette forme — Pourquoi. — Qu'il passe des mains de ceux qui le possèdent dans les mains de ceux qui en ont besoin par un échange dans le temps. — Conditions de cet échange. — Eléments constitutifs du profit et de l'intérêt du capital mobilier. — Que ce premier echange fait, le nouveau détenteur du capital mobilier investi sous forme de monnaie, echange cette monnaie contre les agents et les materiaux necessaires à sa production; — agents et materiaux dans lesquels le capital mobilier se trouve alors investi. — Que la monnaie n'est donc que l'instrument de transport du capital. — Ce que signifient les expressions: argent abondant et argent rare. — En quoi diffèrent le profit et l'intérêt du capital mobilier. — Progrès qui tend a faire disparaitre un des éléments constitutifs du profit et de l'intérêt: la privation. — Que la rétribution necessaire des capitaux personnels, immobiliers et mobiliers est le point ideal vers lequel gravite la rétribution effective, sous l'impulsion des lois naturelles. — Que la retribution des capitaux investis dans les personnes tend à s'elever, et celle des capitaux investis dans les choses à s'abaisser.

Le capital personnel se compose de valeurs ou de pouvoirs de production investis dans les personnes; le capital immobilier et le capital mobilier consistent dans les valeurs investies dans les choses. La différence qui existe entre ces deux dernières catégories de capitaux réside dans la nature et l'emploi des agents et des matériaux auxquels ils sont incorporés. Les terres, les bâtiments et autres constructions adhérentes au sol ne sont par transportables : ce sont des immeubles par nature. Les bêtes de somme, les outils, les machines, les meubles, employés dans une entreprise quelconque et que l'on désigne sous le nom d'immeubles par destination, peuvent être transportés, mais ils ont un caractère qui leur est commun avec les immeubles par nature : c'est qu'ils ne sont consommés ou usés qu'en partie dans la création d'un produit ou d'un service. Leur part nécessaire dans les résultats de la production se compose en conséquence : 1° de la somme qu'exige la reconstitution du capital; cette somme est plus ou moins élevée selon la durée de l'immeuble ou de l'objet immobilisé; on conçoit que cette reconstitution soit indispensable pour que la production puisse être continuée; 2° d'une autre somme comprenant la prime du risque, la compensation de la privation avec un intérêt suffisant pour déterminer l'engagement. Le profit foncier, le fermage, le loyer doivent couvrir ces deux éléments du capital immobilier pour qu'il puisse être mis d'une manière continue au service de la production.

Le capital mobilier diffère du capital immobilier en ce qu'il est investi dans des matériaux qui sont entièrement consommés dans l'opération productive et doivent être remplacés intégralement : telles sont les matières premières ; les semences dans la production du blé, le coton brut, le charbon, etc., dans la filature de coton, et, dans toutes les branches de la production, les subsistances et les autres articles nécessaires à l'entretien du personnel et du matériel jusqu'à ce que le produit ou le service soit réalisé. La part afférente au capital mobilier se compose en conséquence : 1° de la somme qu'exige sa reconstitution entière après chaque opération ; 2° du montant de la prime du risque, de la compensation de la privation et de l'intérêt. Le premier de ces deux articles ne figure point dans la rétribution, il est compté dans les frais de la production, tandis qu'il est compris, d'habitude, dans le profit et le loyer des capitaux immobiliers ; le second apparaît seul et il constitue le profit ou l'intérêt du capital mobilier, le profit lorsque la rétribution du capital engagé est simplement éventuelle, l'intérêt lorsqu'elle est fixe et assurée.

Le capital mobilier se trouve donc incorporé dans une multitude de matériaux de toute sorte, et qui constituent aujourd'hui, grâce aux progrès de l'industrie et de l'épargne, un stock énorme. Mais ces matériaux, ceux qui les produisent pourraient-ils les mettre directement, sans intermédiaire, au service de ceux qui en ont besoin ? Remarquons que chaque industrie, chaque entreprise, exige la mise en œuvre d'articles plus ou moins nombreux et divers. Voici, par exemple, une filature de coton. Il lui faut un capital mobilier investi en coton brut, charbon, graisses, avances de subsistance pour son personnel, d'entretien pour son matériel jusqu'à ce que le produit soit réalisé. Comment pourra-t-elle se le procurer? Il faudra, pour ne parler que d'un seul article, qu'elle demande au planteur de lui *prêter* une partie de ce capital sous forme de coton pendant trois mois, six mois, et peut-être davantage. Le planteur sera-t-il disposé à faire ce prêt? N'aura-t-il pas besoin de réaliser son coton immédiatement pour couvrir ses frais de production et ses dépenses personnelles? Ces frais et dépenses couverts, lui restera-t-il un surplus, et ce surplus, lui conviendra-t-il de le prêter au filateur de coton? Enfin, s'il fait ce prêt, comment pourra-t-il en être remboursé à l'échéance? Sera-ce en fils de coton? Qu'en ferait-il? En subsistances, et en articles d'entretien pour son personnel, son matériel et lui-même? Mais comment le filateur de coton se les procurerait-il? Un intermédiaire est donc indispensable. Cet intermédiaire c'est l'équivalent universel, la monnaie. Lorsqu'il apparaît, les opérations de formation et d'engagement des capitaux qui étaient auparavant difficiles et, le plus souvent même, impossibles, deviennent faciles. L'individu qui veut constituer un capital, soit pour le réserver à la satisfaction de ses besoins futurs, soit pour l'employer à son industrie et augmenter la somme de ses profits, soit pour en tirer autrement un supplément de revenu, en le prêtant ou le louant, cet individu, disons-nous, échange d'abord ses produits ou ses services contre de la monnaie, ensuite, au lieu d'employer la totalité de cette monnaie à l'acquisition de choses propres à la satisfaction de ses besoins actuels, il en met en réserve, il en « épargne » une partie. Dans une société au sein de laquelle l'industrie est active et où l'esprit d'épargne est répandu, une somme considérable de monnaie est employée, chaque jour, à la formation des capitaux. Mais que devient-elle? Le capital ainsi constitué demeure-t-il sous forme de monnaie? Il y demeure, comme on sait, le moins possible. Car, aussi longtemps que l'épargneur le conserve sous cette forme, dans sa caisse ou dans une caisse de dépôt, il n'en peut tirer aucun revenu, aucun bénéfice, sauf, toutefois, celui de la sécurité à venir. Qu'en fait-il?

Tandis qu'il y a, d'un côté, une multitude d'individus occupés à constituer et à accumuler des capitaux sous forme de monnaie, il y a, d'un autre côté, une multitude d'entrepreneurs qui ont besoin de capitaux. Les uns les offrent, les autres les demandent. Cette demande a pour objet, non la monnaie elle-même, mais le service qu'elle rend en s'échangeant contre les agents et les matériaux de production qui constituent les capitaux personnels, immobiliers et mobiliers. Les premiers étant formés d'habitude par les épargneurs eux-mêmes qui appliquent une partie de leur épargne à l'élève et à l'éducation de leurs enfants, on demande principalement la monnaie en vue de se procurer, par son intermédiaire, des terres, des bâtiments, des machines, des outils, des matières premières, etc. Comment les capitaux ainsi investis sous forme de monnaie, passent-ils des mains de ceux qui les offrent dans les mains de ceux qui les demandent? Par un échange dans le temps. En échange de la monnaie qui leur est fournie actuellement, ceux qui l'acquièrent s'engagent à fournir la même somme de monnaie au bout d'un certain espace de temps, plus ou moins long, selon leurs besoins et leurs convenances. A quelles conditions s'opère cet échange dans le temps? A la condition que l'acquéreur fournisse au vendeur, en sus du remboursement de la monnaie acquise, une somme qui compense le risque de non-remboursement, la compensation de la privation du capital investi en monnaie jusqu'à l'époque stipulée pour le recouvrement, avec un intérêt suffisant pour déterminer le vendeur à opérer l'échange. Cette somme supplémentaire consiste en une part éventuelle du profit de l'entreprise à laquelle le capital acquis sera employé, ou une part fixe et plus ou moins assurée, autrement dit un intérêt

L'échange fait, le capital acquis sous forme de monnaie, l'acquéreur le conserve le moins longtemps possible sous cette forme. Il échange, à son tour, la monnaie contre les agents et les matériaux de production qui lui sont nécessaires pour créer le produit ou le service qui lui permettra de rembourser la somme acquise, avec adjonction d'une part de profit ou d'un intérêt, tout en lui procurant à lui-même un profit qu'il n'aurait pu obtenir s'il n'avait pas mis en œuvre les agents et les matériaux que la monnaie lui a servi à acquérir. Ce second échange fait, le capital de l'entrepreneur n'existe plus sous forme de monnaie — celle-ci a passé aux mains des fournisseurs des agents et des matériaux de production, qui s'en serviront de leur côté comme instrument d'échange ou d'épargne, — mais il en a l'équivalent sous la forme de ces agents et de ces matériaux, dans lesquels est maintenant incorporé son capital, et qui constituent, selon leur nature, un capital immobilier ou mobilier.

On peut voir, par cette analyse, d'où naît la confusion qui s'établit communément dans les esprits entre la monnaie, instrument de transport des capitaux, et les capitaux transportés. Quand l'offre des capitaux est abondante, c'est l'argent qui passe pour abondant. Quand au contraire, les capitaux sont peu offerts, soit qu'ils fassent défaut ou craignent de s'offrir, c'est l'argent qui passe pour être rare.

Cependant, la même quantité de monnaie peut exister dans les deux cas. Seulement, dans le premier cas, elle est en mouvement, elle multiplie ses opérations de transport tandis que, dans le second, elle demeure inactive dans les caisses des particuliers et des banques.

Nous avons reconnu et analysé plus haut les éléments de la rétribution nécessaire du capital mobilier : ils consistent dans la prime du risque, la compensation de la privation et l'intérêt qui détermine l'engagement ou le placement du capital. Ces éléments sont les mêmes dans la part éventuelle, profit ou dividende, que dans la part fixe, l'intérêt. Seulement, il faut déduire du taux commun des profits ou des dividendes, pour avoir celui de l'intérêt, le montant de la prime d'assurance et une partie de la compensation pour la privation, si le capital fourni en échange d'un intérêt est remboursable et par conséquent rendu disponible plus tôt que le capital engagé en échange d'un profit.

Toutefois, il convient de remarquer, en ce qui concerne la compensation de la privation, qu'un progrès de date encore récente est en train de faire disparaître cet élément du profit et de l'intérêt, en rendant les capitaux mobilisables et continuellement disponibles. Ce progrès consiste dans le morcellement des titres de propriété des capitaux en coupures régulières, échangeables ou réalisables au gré des porteurs, c'est-à-dire au moment où la privation se fait sentir, et où ils éprouvent le besoin plus ou moins urgent de recouvrer la disponibilité de leur capital. Cette réalisation implique, à la vérité, un risque de perte, et quoique ce risque soit compensé en partie sinon en totalité par une chance de gain, elle peut comporter une augmentation de la prime du risque, mais elle supprime la compensation de la privation. La baisse du taux du profit et de l'intérêt, depuis l'avènement des entreprises à capital mobilisable, doit être principalement attribuée à cette cause, et elle s'accentuera en se généralisant lorsque ces entreprises auront entièrement remplacé les entreprises à capital immobilisé.

La rétribution nécessaire des capitaux mobiliers, comme des autres, n'étant qu'un point idéal vers lequel gravite la rétribution effective, il peut exister et il existe communément une différence entre l'une et l'autre. Mais telle est la puissance des lois naturelles qui agissent pour les rapprocher, que cette différence ne peut se perpétuer et que l'inégalité des rétributions est continuellement battue en brèche, où et de quelque manière qu'elle se manifeste. Lorsque le taux des profits d'une industrie dépasse celui des autres, les capitaux y sont attirés jusqu'à ce que l'équilibre soit rétabli. Lorsque le taux du profit dépasse celui de l'intérêt, déduction faite de la prime du risque, on engage de même les capitaux en vue d'un profit plutôt que d'un intérêt, et *vice versa*. Enfin, lorsque le taux courant du profit et de l'intérêt des capitaux mobiliers aussi bien que du profit et du loyer du capital immobilier, du profit et du salaire des capitaux personnels, tend à dépasser le taux nécessaire, la production des capitaux et leur engagement dans la catégorie la plus profitable s'accroissent; ils diminuent dans le cas contraire, toujours jusqu'au rétablissement de l'équilibre.

C'est ainsi, en résumé, que la part qu'obtiennent les capitaux personnels, immobiliers et mobiliers dans les résultats de la production, tend invariablement à s'établir au niveau de la somme nécessaire pour les reconstituer, et couvrir les risques de leur engagement avec la privation qu'il implique — risques qui varient selon les emplois, les lieux et les époques, — augmentés de l'intérêt qui détermine cet engagement. Si une catégorie de capitaux obtient une part supérieure à celle des autres, si la rétribution des capitaux immobiliers et mobiliers vient à dépasser celle des capitaux personnels, l'épargne s'investit moins sous cette dernière forme, davantage sous les autres et *vice versa*. C'est ainsi enfin que les différentes catégories de capitaux tendent continuellement à se constituer dans les proportions nécessaires, de manière à assurer, avec la permanence de la production, la répartition utile des produits.

Remarquons que la tendance visible de la rétribution des capitaux investis dans les personnes à s'élever, et celle de la rétribution des capitaux investis dans les choses à s'abaisser, n'atteignent aucunement la proportionnalité de ces rétributions. Cette double tendance est due à des causes particulières, qui n'ont aucun rapport avec l'opération des lois naturelles : la rétribution des capitaux personnels tend à s'élever parce que la reconstitution du personnel de la production implique des frais croissants, à mesure que l'industrie, en perfectionnant son outillage et ses procédés, exige, dans une proportion plus forte, la mise en œuvre des facultés intellectuelles et morales du producteur; la rétribution des capitaux immobiliers et mobiliers s'abaisse au contraire, parce que la création des titres de propriété mobilisables a annulé la compensation de la privation, qui était un des éléments constitutifs du taux nécessaire de cette rétribution.

Quelle que soit donc la nature des capitaux, les lois naturelles agissent pour opérer entre eux le partage utile des produits et services qu'ils contribuent à créer.

# CHAPITRE XII

## La consommation.

Les revenus. — Leur provenance et leur destination. — Que les
revenus des capitaux mobiliers et immobiliers ne doivent être
affectés qu'en partie à leur conservation, tandis que ceux des
capitaux personnels doivent être employés entièrement a leur
reconstitution. — Les deux catégories de besoins auxquels les
revenus doivent pourvoir. Les besoins actuels et les besoins
futurs. — Que les besoins exigent des consommations propor-
tionnées à la quantité et à la qualité des forces vitales dépensées
dans l'emploi d'où le revenu est tiré. — Que la consommation est
réglée par les mêmes lois naturelles qui gouvernent la production et la distribution des produits — Que ces lois déterminent
la répartition de la consommation. tant entre les besoins actuels
qu'entre les besoins actuels et les besoins futurs, en raison des
forces dépensées. — Que le contingent des pouvoirs vitaux va
continuellement croissant, sous l'impulsion des progrès de l'industrie, et que son accroissement détermine celui du nombre, de
la puissance et du bien-être de l'espece.

Les produits de toutes les entreprises se distribuent
entre les agents qui ont coopéré à leur création —
capitaux personnels, immobiliers et mobiliers, sous
la forme d'une rétribution éventuelle ou aléatoire —
profit et dividende, — ou d'une rétribution fixe et
assurée — salaire, loyer et intérêt. Ces rétributions
constituent les revenus de tous les coopérateurs des
entreprises, quelle qu'en soit la nature, et c'est dans
l'emploi de ces revenus que consiste la consommation.

Les revenus doivent pourvoir nécessairement à la conservation des capitaux qui les fournissent. Cette nécessité n'implique toutefois, pour les capitaux mobiliers et immobiliers, qu'une simple opération d'assurance et de réparation. L'individu qui engage dans la production un capital mobilier, en échange d'un profit ou d'un intérêt, ou un capital immobilier en échange d'un profit ou d'un loyer, n'a point à pourvoir à la reconstitution totale de ce capital au moyen de son revenu. Dans le cas du capital mobilier, il doit seulement employer à cette reconstitution la portion du profit ou de l'intérêt qui représente la prime des risques, et, dans le cas du capital immobilier, celle qui représente, avec la prime, des risques, la détérioration ou l'usure. Il en est autrement dans le cas du capital personnel. Le profit ou le salaire qui constitue le revenu des propriétaires de ce capital — directeurs d'entreprises, fonctionnaires, employés, ouvriers, doit le reconstituer entièrement.

L'emploi ou la consommation utile des revenus implique, en conséquence, la répartition de ces revenus entre :

1º La reconstitution des capitaux mobiliers, au moyen d'une épargne destinée à couvrir les frais d'assurance de leur conservation ou de leur emploi ;

2º La reconstitution des capitaux immobiliers, au moyen d'une épargne destinée à couvrir, avec les frais d'assurance, leur détérioration ou leur usure ;

3° La reconstitution du capital personnel, comprenant, avec les frais d'entretien de la génération en activité, ceux de la formation de la génération qui doit la remplacer.

Remarquons que les revenus des capitaux mobiliers et immobiliers, déduction faite de la somme destinée à la couverture des risques et de l'usure, sont la rétribution nécessaire du travail de gestion et d'emploi des capitaux — travail qui exige, comme nous l'avons vu, l'application assidue des facultés les plus élevées, — et qu'ils doivent servir à reconstituer le capital personnel de cette catégorie supérieure de travailleurs, exactement comme ceux qui proviennent de la gestion et de l'emploi du capital personnel lui-même.

Cette reconstitution et cette reproduction du capital personnel impliquent l'emploi du revenu à la satisfaction de deux catégories de besoins : les besoins actuels et les besoins futurs.

Les besoins actuels naissent de la déperdition ou de la dépense des forces vitales et de la nécessité de les reconstituer. Cette reconstitution exige la consommation d'une quantité plus ou moins considérable de produits, ou de services qui y soient adaptés. Or, nous avons vu que les forces mises en œuvre dans la production diffèrent d'un emploi à un autre, et que le progrès a pour effet de remplacer les forces physiques, c'est-à-dire celles dont la reconstitution est la moins coûteuse, par des forces intellectuelles et morales. Nous avons vu encore qu'il y a, dans toutes les branches de la production, une hiérarchie naturelle des emplois, marquée par la différence des forces dont ils exigent la coopération et par celle des quantités utilisées; bref, que la rétribution nécessaire de chaque emploi est déterminée et par la nature des forces mises en œuvre, et par la quantité qui en est dépensée. Cela étant, la satisfaction des besoins actuels du personnel des emplois supérieurs nécessite une somme plus considérable d'articles de consommation que celle du personnel des emplois inférieurs, et l'une et l'autre vont croissant à mesure que la production exige la mise en œuvre de forces d'une nature plus élevée.

On peut aisément se rendre compte de la manière dont la consommation tend à se répartir entre les besoins actuels, sous l'impulsion des lois naturelles, sauf l'intervention des causes qui troublent l'opération de ces lois. Les besoins se font concurrence pour demander les produits ou les services propres à les satisfaire. Ceux qui répondent à la dépense la plus considérable de forces vitales demandent satisfaction avec l'intensité la plus grande, et ils attirent les articles de consommation jusqu'à ce qu'ils soient satisfaits dans une mesure telle que la sensation de peine qu'ils éprouvent devienne moindre que celle d'un besoin concurrent. Alors, il est pourvu à la demande de celui-ci, et, successivement, de tous les autres, dans la mesure de leur intensité, laquelle est déterminée par la quantité de forces dépensées. C'est ainsi, par l'opération du mobile de la loi de l'écomie des forces (peine et plaisir), que tous les besoins actuels tendent à être satisfaits dans la mesure de la dépense, c'est-à-dire dans la proportion utile.

Mais la reconstitution du capital personnel n'exige pas seulement l'application du revenu à la satisfaction des besoins actuels en raison des forces dépensées, elle exige encore la mise en réserve, « l'épargne » d'une partie de ce revenu, pour la satisfaction des besoins futurs.

Les besoins futurs sont de diverses sortes; ils consistent, en premier lieu, dans l'assurance du chômage, des accidents et, finalement, de la vieillesse; en second lieu, dans l'élève et l'éducation de la génération qui est appelée à remplacer la génération en activité. C'est à ces différents besoins que le consommateur doit pourvoir.

La répartition de la consommation entre les besoins actuels et les besoins futurs s'effectue sous l'impulsion du même mobile qui agit pour faire la part utile de chacun des besoins actuels. Seulement, elle implique la nécessité d'une comparaison entre ces deux catégories de besoins. Il faut que le consommateur se les représente dans leur intensité respective, et qu'il évalue la somme de plaisir que la satisfaction de chacun de ces besoins actuels ou futurs peut lui faire éprouver, et la somme de peine que leur non-satisfaction peut lui causer. S'il possède la capacité intellectuelle nécessaire pour faire cette comparaison et cette évaluation, avec la force morale non moins nécessaire pour sacrifier une jouissance présente à une jouissance ou à une épargne de peine future, il fera cette répartition de sa consommation de la manière la plus utile, sinon il s'exposera à subir dans l'avenir des déperditions de forces vitales bien supérieures à ses acquisitions et à ses jouissances actuelles. S'il est dépourvu des facultés intellectuelles et morales qui constituent la prévoyance et suscitent l'épargne, les déperditions de forces et les souffrances qu'il subira agiront comme un stimulant pour les développer. Si ce stimulant n'agit point sur lui avec une efficacité suffisante, il sera tôt ou tard éliminé par la concurrence des individus en possession de la capacité qui lui manque.

La consommation tend donc, comme la production et la répartition, à se régler utilement, c'est-à-dire de manière à reconstituer toujours le contingent des forces vitales de l'espèce.

Ce contingent va continuellement croissant.

Sous l'impulsion des lois de l'économie des forces et de la concurrence, l'industrie humaine progresse, l'homme obtient, dans la production, une somme dé pouvoirs de réparation et d'accroissement de ses forces vitales plus grande en échange d'une moindre dépense. Le *produit net*, qui consiste dans la différence entre sa recette et sa dépense, va s'élevant sans cesse. Sous l'impulsion des lois de la concurrence et de la progression des valeurs, qui agissent pour abaisser les prix de toutes choses au niveau des frais et de la rétribution nécessaires pour en déterminer la production, la plus grande partie de ce produit net va à la généralité des consommateurs. Les mêmes lois naturelles agissent pour en déterminer l'emploi le plus utile.

C'est ainsi que s'augmentent progressivement le nombre, la puissance et le bien-être de l'espèce humaine.

# CHAPITRE XIII

## -Résumé.

Quoiqu'il ne nous soit pas donné de pénétrer le secret de la création, l'observation des lois de la nature nous porte irrésistiblement à croire que toutes les espèces vivantes, végétales et animales, ont leur raison d'être et remplissent une fonction utile. Cette fonction, elles ne peuvent la remplir qu'à la condition de se conserver et de se multiplier dans la mesure nécessaire. Comment la nature a-t-elle pourvu à leur conservation et à leur multiplication? Au moyen du mobile de la peine et du plaisir.

Toutes les espèces vivantes sont composées de matière et de forces. Cette matière et ces forces doivent être continuellement entretenues et renouvelées par l'assimilation de matériaux et de forces conformes à leur nature, sinon elles diminuent, disparaissent, et la vie s'éteint. Or, toute diminution des matériaux et des forces nécessaires à l'entretien de la vie détermine une sensation de peine, toute réparation de ces mêmes forces et toute expulsion de l'excédent déterminent un plaisir.

Sous l'excitation de cette double sensation, les individus dont se composent les espèces agissent pour se conserver et se multiplier. Ils travaillent et se reproduisent.

Le travail consiste dans la recherche des matériaux et des forces nécessaires à leur subsistance. Mais tout travail exige une dépense préalable des forces qu'il s'agit de réparer. Tout travail détermine, en conséquence, une sensation de peine. L'individu réagit contre cette sensation ; il emploie consciemment ou inconsciemment son activité à obtenir la plus grande somme possible de matériaux de réparation de sa vitalité en échange de la moindre dépense, partant, de la moindre peine. C'est la loi de l'économie des forces.

Toutes les espèces vivantes s'alimentent aux dépens les unes des autres, les espèces inférieures servant à la nourriture des espèces supérieures. Mais chaque espèce, à mesure qu'elle se multiplie, demande à celles qui la nourrissent une quantité de subsistances qui va croissant plus vite que la quantité qu'elles peuvent lui fournir, quelle que soit leur fécondité. Qu'arrive-t-il alors ? C'est, d'une part, que les individus les moins forts des espèces inférieures deviennent la proie de l'espèce qu'elles servent à alimenter, que les plus forts, les plus capables de se dérober à sa poursuite seuls subsistent et pourvoient à leur reproduction ; c'est d'une autre part, que les individus les plus faibles de l'espèce supérieure sont devancés par les plus forts, les plus capables, dans la recherche de la subsistance, et périssent; que les plus forts, c'est-à-dire ceux qui, dans l'emploi de leur activité, ont le mieux obéi à la loi de l'économie des forces, seuls subsistent et se reproduisent de même à l'avantage de l'espèce. C'est la loi de la concurrence vitale.

L'espèce humaine est soumise aux mêmes lois que les espèces inférieures. Comme elles, elle est obligée de travailler, c'est-à-dire de dépenser des forces pour se procurer la subsistance nécessaire à l'entretien de sa vitalité, et cette dépense lui cause une sensation de peine. Sous l'excitation de cette sensation, elle s'efforce d'obtenir la plus grande somme de matériaux de consommation et de plaisir en échange de la moindre somme de travail et de peine; comme elles, en un mot, elle obéit à la loi d'économie des forces. Comme elles encore, en se multipliant, elle presse sur sa subsistance, et, à mesure que cette pression augmente, les moins forts, les moins capables de se procurer une alimentation devenue insuffisante pour tous, succombent; les plus forts, les plus capables seuls survivent et perpétuent l'espèce, suivant la loi de la concurrence vitale.

Mais il y a entre l'espèce humaine et les espèces inférieures deux différences essentielles et qui tiennent, selon toute apparence, à celles de leurs fonctions et de leurs destinées.

La première, c'est que les espèces inférieures ne

possèdent que la capacité de *détruire* et sont obligées, en conséquence, de se contenter de la subsistance que la nature met à leur disposition, tandis que l'espèce humaine est pourvue, en outre, de la capacité de *produire*, c'est-à-dire d'augmenter la somme de ses moyens de subsistance.

La seconde, c'est que les espèces inférieures sont incapables de régler leur mutiplication, tandis que l'espèce humaine possède la capacité de la limiter et de la proportionner à ses moyens de subsistance.

Les procédés que l'espèce humaine met en œuvre pour produire et accroître sa production sont l'association des forces, l'invention des armes, des outils et des machines, l'assujettissement des espèces inférieures et la division du travail. Ces procédés, l'homme les emploie sous l'impulsion des lois de l'économie des forces et de la concurrence, et à mesure qu'ils se multiplient et se perfectionnent, ils lui procurent une somme croissante de matériaux de réparation et d'augmentation de ses forces vitales, en échange d'une dépense décroissante.

Mais l'emploi de ces procédés, et, en particulier, de la division du travail, implique la nécessité de l'échange.

Du moment où l'individu cesse de produire lui-même toutes les choses nécessaires à sa subsistance et à son entretien, où il n'en produit plus qu'un petit nombre, ou même une seule ou une fraction d'une seule, c'est en échangeant celle qu'il produit qu'il peut se procurer les autres. Et, à mesure que l'association des forces productives et la division du travail vont se développant, les échanges se multiplient. C'est par l'échange du produit de leur travail divisé que les hommes acquièrent de plus en plus l'ensemble des choses propres à la satisfaction de leurs besoins, à l'entretien et à l'augmentation de leurs forces vitales. Chacun produit chaque jour davantage pour tous et tous pour chacun.

Le phénomène de l'échange en a sinon engendré, du moins fait apparaître un autre : le phénomène de la valeur.

Qu'échange-t-on ? On échange des choses propres à la satisfaction des besoins, ou, ce qui revient au même, à la réparation des forces vitales. Ces choses, on les échange en vertu du pouvoir de satisfaction ou de réparation qu'elles contiennent. Ce pouvoir, on le désigne sous le nom d'utilité. Mais il y a des choses pourvues d'utilité, ou des utilités que chacun peut se procurer sans avoir besoin d'en fournir d'autres en échange. Ce sont les utilités que la nature met gratuitement à la disposition de l'homme. Il y en a d'autres, en revanche, et, celles-ci, en bien plus grand nombre, qui sont le produit du travail de l'homme. Ces utilités produites sont désignées sous le nom de valeurs, et elles font seules l'objet de l'échange. On échange toutes choses en raison de la valeur qu'elles contiennent et que l'homme leur a donnée par son travail, c'est-à-dire par une dépense de ses forces vitales.

Il y a donc dans la valeur deux éléments distincts : l'utilité, et le travail dépensé pour produire cette utilité.

Si l'échange ne crée pas la valeur d'un produit ou d'un service, il en détermine le niveau. Ce niveau est marqué par la quantité ordinairement supérieure ou inférieure du produit ou du service fourni en échange. Généralement, aujourd'hui, l'échange s'opère au moyen d'un équivalent : la monnaie. Un hectolitre de blé s'échange contre une certaine quantité de monnaie, soit contre vingt francs., Le prix exprime le rapport de valeur existant entre le blé et la monnaie. En supposant que la valeur de la monnaie ne varie point — et elle ne varie que lentement, — on aura un point fixe pour mesurer le niveau de la valeur du blé.

Ce niveau varie perpétuellement dans le temps et l'espace. La valeur dans l'échange ou le prix de tous les produits ou services est essentiellement mobile. Elle varie suivant les quantités offertes et demandées, et dans une progression infiniment plus rapide que celle des quantités. C'est la loi de progression des valeurs, que nous avons formulée ainsi :

*Lorsque le rapport des quantités de deux produits ou services offerts en échange varie en progression arithmétique, le rapport des valeurs de ces deux produits ou services varie en progression géométrique.*

Mais quelles que soient les variations du niveau de la valeur d'un produit ou service, elle est continuellement ramenée, par l'opération des lois naturelles, au niveau de la moindre dépense de travail que ce produit ou ce service a coûté, et cette dépense tend continuellement à s'abaisser.

En effet, le travail dépensé constitue les frais de production de la valeur (utilité produite). Or, quand la valeur s'élève au-dessus de ses frais de production (y compris le profit nécessaire du producteur), l'industrie qui fournit le produit ou le service dans lequel elle est investie réalise un profit supérieur à celui des autres industries. Alors, l'impulsion combinée des lois de l'économie des forces, de la concurrence et de la progression des valeurs détermine un accroissement de la production, une augmentation de l'offre et un abaissement du prix, jusqu'à ce que celui-ci soit descendu au niveau des frais de production de la valeur. Le même mouvement s'opère en sens inverse, sous la même impulsion, lorsque la valeur investie dans un produit ou un service tombe au-dessous de ses frais de production.

Enfin, les mêmes lois naturelles déterminent l'abaissement progressif des frais de production de la valeur, partant, du prix des produits et services dans lesquels elle est investie, en procurant à ceux qui réduisent ces frais, par quelque invention ou perfectionnement, un profit extraordinaire, jusqu'à ce que leurs concurrents aient réalisé le même progrès. A quoi il faut ajouter qu'ils sont contraints de le réaliser, sous peine de voir tomber leurs profits au-dessous du taux nécessaire, et, finalement, de ne pouvoir couvrir leurs frais de production.

Ainsi se résout, conformément à l'utilité générale de l'espèce, un premier problème que l'association des forces productives, la division du travail et l'échange ont posé, celui de l'équilibre de la production et de la consommation.

Sous le régime de la production isolée, chacun règle naturellement sa production en raison du nombre et de l'intensité des besoins de réparation et d'entretien de ses forces vitales.

Sous le régime de la production divisée, ce résultat utile est obtenu par l'opération des lois naturelles qui déterminent la gravitation de la valeur investie dans les produits et services vers le niveau marqué par ses moindres frais de production, représentant la dépense de travail nécessaire pour la créer.

Grâce à cette opération des lois naturelles, la production s'établit et se proportionne d'elle-même de la manière la plus utile dans la multitude de ses branches. Elle s'organise sous la forme d'entreprises. Ces entreprises ont des formes et des dimensions diverses, mais elles ont deux caractères qui leur sont communs : toutes ont pour objectif un profit, et toutes exigent la coopération et la mise en œuvre des valeurs investies dans les personnes et dans les choses, et qui constituent par leur agglomération des capitaux personnels, immobiliers et mobiliers. Ces capitaux, qui sont les agents et les instruments de la production, ont pour origine une production antérieure et une épargne qui a soustrait les valeurs dont ils se composent à la consommation actuelle. Ceux qui les possèdent ne s'en dessaisissent pour les engager dans la production, qu'en vue de réaliser un profit. Il faut que la production rétablisse les capitaux qui s'y engagent et leur procure un profit suffisant pour les déterminer à s'y engager. Le profit en vue duquel une entreprise de production se constitue doit donc, nécessairement, se partager entre les catégories d'agents productifs, capitaux personnels, immobiliers et mobiliers, qui ont coopéré à la création du produit ou du service. Sous l'impulsion combinée des lois naturelles, ce partage tend continuellement à s'opérer au niveau du profit nécessaire pour que la production soit entreprise et subsiste, quelle que soit la forme de la rétribution des agents productifs, profit, dividende, intérêt, loyer, fermage ou salaire.

Ainsi se résout encore de la manière la plus utile un second problème, que suscite la production associée et divisée, savoir l'attribution à tous ses coopérateurs, en proportion de leur dépense de travail et de peine, de la différence croissante du produit du travail isolé et du travail divisé.

Les résultats distribués de la production constituent les revenus. L'emploi des revenus constitue la consommation. De même que la production et la répartition, la consommation tend, sous l'impulsion des lois naturelles, à s'opérer dans la mesure des forces dépensées, c'est-à-dire de la manière la plus utile.

En résumé, les lois naturelles de l'économie des forces, de la concurrence et de la progression des valeurs gouvernent par leur coopération la production, la distribution et la consommation des valeurs investies dans les produits et services, conformément à l'intérêt général et permanent de l'espèce. Si aucun obstacle ne contrariait leur action, elles assureraient à l'humanité une augmentation croissante de richesse en échange d'une somme décroissante de travail, et lui permettraient d'atteindre le maximum de jouissance et de bien-être que comportent ses facultés et ses conditions d'existence.

Mais les lois naturelles rencontrent, dans leur opération utile, des obstacles de deux sortes, les uns provenant du milieu, les autres — et ceux-ci les plus nombreux et les plus difficiles à surmonter — provenant de l'homme lui-même.

L'homme peut combattre et diminuer les premiers en perfectionnant son industrie, les seconds en se perfectionnant lui-même, en et développant sa capacité à se gouverner.

Les progrès de l'industrie sont du ressort de l'économie politique; ceux de l'homme et de son gouvernement appartiennent, au moins pour la plus grande part, à la morale.

# III

# LA MORALE

# CHAPITRE PREMIER

### L'objet de la morale. — Le droit et le devoir.

Que l'économie politique montre comment, sous l'impulsion des lois naturelles, se produisent, se distribuent et s'emploient utilement les forces vitales de l'espèce humaine. — Que ce résultat ne peut être obtenu qu'à la condition que tous les membres successifs de l'espèce coopèrent à l'utilité commune. — Qu'ils ne peuvent y coopérer qu'en demeurant dans les limites naturelles de leur sphère d'activité. — Qu'en étendant ces limites aux dépens d'autrui, ils agissent d'une manière nuisible à la généralité. — Que la reconnaissance et l'assurance de la sphère d'activité de l'individu constitue l'établissement du Droit. — Qu'il faut encore que dans les limites de sa sphère d'activité, l'individu agisse conformément à l'utilité générale. — Les actes nuisibles et les actes utiles. — Que la reconnaissance, l'empêchement des uns et l'excitation des autres constituent l'établissement du Devoir. — L'objet et la fin de la Morale.

L'étude de l'économie politique nous fait connaître le mécanisme de la production, de la distribution et de l'emploi ou de la consommation des pouvoirs de réparation et d'accroissement des forces vitales de l'espèce humaine. Elle nous montre comment les lois naturelles de l'économie des forces, de la concurrence et de la progression des valeurs agissent pour déterminer, avec les progrès de l'industrie humaine, la distribution et l'emploi utile de ses produits, en proportionnant la rétribution de chacun des coopérateurs de la production à la valeur de son apport au contingent général de la vitalité de l'espèce.

Mais ce résultat ne peut être atteint qu'à la condition que tous les membres successifs qui constituent l'espèce contribuent, dans la mesure des forces dont ils sont pourvus, à l'œuvre commune ; qu'ils emploient ces forces de concert, qu'ils ne se fassent point obstacle les uns aux autres ; qu'ils gouvernent leur activité de manière à lui faire produire la plus grande somme d'utilité, sans entraver et affaiblir l'activité d'autrui. Il faut donc que chacun ait sa sphère d'activité, dans laquelle il soit libre d'agir. Il faut encore que ses actes soient conformes à l'utilité commune. Quelles sont les limites naturelles de la sphère d'activité de chacun ? Quels sont les actes qui portent atteinte à l'activité d'autrui ? Quels sont ceux qui, dans ces limites, sont nuisibles ou utiles à autrui ? Comment les actes utiles peuvent-ils être encouragés et les actes nuisibles empêchés ?

Telles sont les questions qui sont du ressort de la Morale, et dont la solution fournit les règles de conduite que l'individu doit suivre, soit qu'il se les impose à lui-même ou qu'elles lui soient imposées, pour contribuer à la conservation et à l'accroissement de la puissance vitale de l'espèce, condition de l'accomplissement de la fonction qui lui est assignée dans l'ordre universel.

Nous connaissons les instruments et les matériaux de l'activité individuelle : ce sont les valeurs personnelles, immobilières et mobilières que l'individu a créées ou acquises. Ces valeurs qu'il met en œuvre et emploie à la satisfaction de ses besoins physiques et moraux constituent ses pouvoirs d'action. Mais il peut les mettre en œuvre ou les employer de deux manières : il peut s'en servir : 1° pour contribuer à la production ou les appliquer à sa consommation; 2° pour s'emparer par violence ou par ruse des valeurs créées ou acquises par autrui. Dans le premier cas, il demeure dans les limites de sa sphère d'activité, et il agit d'une manière conforme à l'utilité générale ; dans le second, il étend sa sphère d'activité aux dépens de celle d'autrui, en s'emparant des pouvoirs d'action qui la constituent, et il agit d'une manière nuisible.

Reconnaître les limites naturelles de la sphère d'activité de chacun, assurer la conservation et la libre disposition des matériaux qu'elle contient, tel est le premier problème que la morale doit résoudre, et qui se résume dans l'établissement du Droit.

Mais il ne suffit pas de reconnaître et de fixer les limites de la sphère d'activité de chacun, et d'empêcher qu'elles ne soient reculées aux dépens d'autrui, il faut encore que chacun agisse dans ces limites d'une manière conforme à l'utilité générale de l'espèce.

Ici encore, c'est à l'économie politique qu'il faut demander la connaissance de l'emploi utile ou nuisible des pouvoirs contenus dans la sphère d'activité de l'individu. L'individu est composé de matériaux et de forces ou de pouvoirs vitaux qui demandent continuellement à être entretenus et renouvelés. Son existence est limitée dans le temps. Il faut en conséquence qu'il se reproduise et pourvoie aux besoins de sa progéniture jusqu'à ce qu'elle soit en état d'y pourvoir elle-même. S'il ne gouverne et ne règle pas l'emploi de ses pouvoirs d'action de manière à entretenir sa propre vitalité et à la reproduire, et à contribuer ainsi à la conservation et à l'accroissement général des forces vitales, il agit contrairement à l'utilité de l'espèce. En outre, l'individu ne pouvant subsister qu'à la condition de s'associer à ses semblables, la société dont il fait partie, les autres membres de cette société, et la généralité de ses semblables sont exposés, comme il l'est lui-même, à des risques de destruction ou d'affaiblissement que l'intérêt général commande à chacun de contribuer à couvrir.

Reconnaître les actes conformes à l'utilité générale et ceux qui y sont contraires, assurer l'accomplissement des uns, empêcher l'accomplissement des autres, telle est encore la tâche qui est assignée à la Morale et qui consiste dans l'établissement du Devoir.

La connaisssance du Droit et du Devoir et des moyens de les faire observer, tel est donc, en résumé, l'objet de la Morale.

# CHAPITRE II

## Comment la reconnaissance et l'assurance du Droit et du Devoir se sont imposées aux sociétés en voie de civilisation.

Qu'il suffisait aux hommes des sociétés primitives d'obéir à leurs instincts. — Que le progrès qui a substitué des industries productives aux industries destructives a fait naître la nécessité de maîtriser les instincts et de les discipliner. — Le nouvel état économique issu de ce progrès et ses conditions. — Que la nécessité de l'appropriation individuelle impliquait la reconnaissance, la délimitation et l'assurance de la propriété et de la liberté, ou l'établissement du Droit. — Causes qui agissaient pour provoquer les atteintes au Droit. — Nécessité de faire reconnaître le Devoir et d'en imposer l'observation. — Influence utile ou nuisible que l'emploi des facultés et des ressources de chacun exerçait sur les autres membres de la société et sur la société elle-même, dans ce nouvel état économique. — Qu'il était nécessaire de reconnaître et de séparer les actes nuisibles des actes utiles; d'imposer le devoir de s'abstenir des uns, de pratiquer les autres. — Conséquence : nécessité d'établir un code de lois, de coutumes et d'usages qui fussent l'expression des droits et des devoirs — Que les atteintes au Droit et les manquements au Devoir, en affaiblissant les sociétés en voie de progrès, les exposaient à une destruction inévitable.

Quelle que soit l'origine de l'espèce humaine, qu'elle soit sortie de l'animalité inférieure ou qu'elle ait apparu sur la terre telle qu'elle est constituée, elle a, comme la plupart des espèces animales et sous l'empire des mêmes nécessités de conservation et de défense, formé des sociétés. Les individus qui composaient ces sociétés ont commencé par vivre, comme les animaux, du gibier qu'ils chassaient ou des fruits naturels du sol qu'ils cueillaient, c'est-à-dire de deux industries purement destructives. Dans ces conditions d'existence, il suffisait à l'homme, ainsi qu'aux autres animaux, d'obéir à ses instincts, pour subvenir à ses besoins d'alimentation et de défense. Les progrès économiques qui l'ont fait passer de l'état d'animalité à un état supérieur, en substituant aux industries destructives des temps primitifs, des industries productives, ont eu pour conséquence de l'obliger à maîtriser ses instincts et à leur imposer une discipline. Il a fallu d'abord qu'il s'emparât de ses facultés pour les adapter à une nouvelle industrie, en rompant ainsi des habitudes et une routine séculaires. Il a fallu ensuite qu'il pliât ses instincts aux conditions du nouvel état économique de la société dont il était membre.

Ces conditions différaient par des points essentiels de celles de l'état primitif. Tandis que les industries de la chasse et de la récolte des fruits naturels du sol ne comportaient que l'appropriation commune d'un territoire, l'industrie agricole et les autres branches de la production que faisaient surgir l'invention et le perfectionnement des outillages, la division du travail et l'échange, nécessitaient l'appropriation individuelle ou associée de la terre, des instruments de travail et des produits. Il fallait que l'individu qui défrichait un champ et l'ensemençait,

eût la possession exclusive de ce champ, du matériel
qu'il y accumulait et des produits qu'il en tirait, sinon
il n'aurait pas pris la peine de le cultiver. Il en était
de même pour les autres industries : il fallait que
le charron eût la possession exclusive de son atelier
et de ses outils, le marchand celle de ses marchandises, et que tous eussent la liberté de disposer
à leur gré des choses qui constituaient leur propriété.
Il fallait en conséquence reconnaître, délimiter et
assurer la propriété et la liberté de chacun des
membres de la société, autrement dit établir leurs
Droits. Ce n'est pas tout. Les industries productives
créaient entre les individus appartenant à la même
société des rapports nouveaux et les soumettaient
à des nécessités en opposition avec leurs instincts et
leurs appétits. Au sein des sociétés qui subsistaient
par la pratique des industries destructives, les rapports
entre les individus et entre ceux-ci et la communauté
ne différaient pas de ceux qui existent entre les
membres des sociétés animales. Entre des individus
qui vivaient au jour le jour des mêmes substances
alimentaires, il n'y avait pas plus de rapports
d'échange qu'il n'y en a entre les animaux ; le seul
intérêt qui pût les rapprocher et les lier était celui
de la défense commune, et l'instinct de la conservation suffisait à y pourvoir. Ces rapports se multi-
pliaient au contraire dans les sociétés où les industries productives avaient remplacé les industries

destructives de l'animalité inférieure. Cette multiplication des rapports entre les membres de la même
société avait pour conséquence d'accroître l'influence
en bien ou en mal, que la conduite de chacun, la
manière dont il employait ses forces et ses ressources,
exerçait sur les autres individus et sur la société
entière. Lorsque le domaine de la tribu était la propriété commune de ses membres, lorsque chacun y
cherchait sa subsistance au jour le jour, à la manière
des animaux, la tentation de s'emparer du bien
d'autrui n'avait que de rares occasions de se manifester, car le bien d'autrui se réduisait à des articles qui
coûtaient moins de peine à confectionner qu'à
dérober. Il en alla autrement lorsque l'agriculture
et les premières industries eurent rendu nécessaire
l'individualisation de la propriété territoriale et
accru dans des proportions auparavant inconnues
la masse des instruments de la production et les produits. Alors, la tentation de s'emparer du bien
d'autrui, la tendance au vol, trouva des occasions
nombreuses de se manifester. Il devint nécessaire
d'opposer une barrière solide à cette tendance.
Après avoir reconnu le Droit, il fallut faire reconnaître le devoir de le respecter, et y obliger au
moyen d'un pouvoir coercitif mis au service du
Droit.

Les nouvelles conditions d'existence de la société rendaient encore nécessaire l'accomplissement

d'autres devoirs. L'usage que chacun faisait de ses facultés et de ses ressources, même sans porter atteinte au Droit d'autrui, pouvait affecter les intérêts des autres membres de la société et de la société elle-même, dans une mesure plus forte, en bien ou en mal, qu'il ne l'affectait dans l'état antérieur. Si un individu laissait son champ en friche au lieu de le cultiver, s'il s'abandonnait à la paresse, à l'ivrogne-rie, à l'incontinence et aux autres vices, s'il ne pourvoyait point à sa reproduction ou laissait périr faute d'entretien sa progéniture, s'il ne venait pas en aide à ses semblables, s'il ne contribuait point, dans la mesure de ses forces et de ses ressources, à la défense de la société, il en résultait des dommages, des nuisances, qui étaient ressentis individuellement où collectivement par les associés. Que dans une tribu de chasseurs un individu s'abandonnât à la paresse au lieu de pourvoir à sa subsistance, cela ne faisait tort qu'à lui-même. Que des agriculteurs au contraire négligeassent les soins de leur exploitation, que la quantité de subsistances qu'ils échangeaient contre les produits des autres industries vînt à diminuer, cette diminution infligeait des dommages et des souffrances non seulement à eux-mêmes mais encore et même davantage aux autres membres de la société auxquels ils fournissaient les matériaux mêmes de la vie. Que dans la tribu de chasseurs, des indivi-dus s'adonnassent à des vices qui les affaiblissaient

— et d'ailleurs possédaient-ils les moyens de satisfaire leur penchant à l'ivrognerie ou à la gourmandise? — qu'ils négligeassent le soin de leur progéniture, la tribu n'en ressentait un dommage que dans les régions où elle se trouvait en conflit avec d'autres tribus pour la possession du terrain de chasse. D'ailleurs, la diminution ou l'affaiblissement d'une partie des membres de la tribu profitait plutôt à l'autre partie, en augmentant son contingent de gibier. Il en était autrement dans une société qui trouvait ses moyens de subsistance dans l'exercice des industries productives. L'affaiblissement des producteurs et la diminution de leur nombre, faute d'une reproduction suffisante, avaient, en premier lieu, pour résultat, de réduire la quantité des produits, au détriment de tous ceux qui se les procuraient par la voie de l'échange; en second lieu, de diminuer l'ensemble des forces et des ressources dont la société avait besoin pour se défendre contre les agressions des autres sociétés et particulièrement de celles qui continuaient à s'adonner aux industries destructives. A mesure qu'elle croissait en richesse, elle était, pour ces tribus arriérées, une proie plus tentante, et il lui devenait plus nécessaire de veiller davantage au soin de sa défense, de rechercher et réprimer, dans la conduite des individus, tout ce qui était de nature à affaiblir sa puissance défensive.

La reconnaissance, la délimitation et l'assurance

des Droits et des Devoirs s'imposait donc, dans cet état nouveau, comme une nécessité vitale de conservation de la société, partant, des individus qui la composaient et dont l'existence était liée à la sienne. Cette nécessité suscita, au sein de chaque société, la création d'un code de lois, de coutumes ou d'usages, et d'un appareil destiné à en assurer l'observation.

Ces lois, ces coutumes et ces usages, ainsi que cet appareil avaient pour objectif l'utilité de la société. Ils y répondaient plus ou moins selon qu'ils étaient l'expression plus ou moins exacte des Droits et des Devoirs.

# CHAPITRE III

## Mécanisme de la reconnaissance et de l'assurance du droit et du devoir.

Comment s'est effectuée la reconnaissance des droits et des devoirs. — Que l'expérience a montré les effets nuisibles à la société des infractions au Droit et des manquements au Devoir. — Que ces effets étaient aperçus par les membres les plus intelligents des sociétés. — Qu'ils étaient excités à chercher les moyens d'empêcher les actes nuisibles, et de fomenter les actes utiles. — Difficultés de cette œuvre. — C'est le sentiment religieux qui a permis de résoudre ces difficultés. — Que ce sentiment suggère l'existence d'être supérieurs a l'humanité. — Que les Divinités ont la puissance de punir et de récompenser. — Qu'elles communiquent leurs volontés. — Qu'on excite leur bienveillance et on apaise leur colère par des présents, des prières, et par l'obéissance à leurs volontés. — Qu'elles révèlent à leurs favoris les regles de conduite a suivre pour se procurer les biens et éviter les maux qu'elles dispensent. — Que les regles suggérées par l'observation et l'expérience étaient attribuées a leur inspiration. — Qu'elles récompensent ceux qui suivent ces regles et punissent ceux qui les enfreignent. — En quoi consistaient les regles de conduite qui formaient le code de chaque société.

Reconnaître le Droit et le devoir et en assurer l'observation, voilà donc la tâche qui s'est imposée à toutes les sociétés en voie de civilisation.

Comment cette tâche nécessaire a-t-elle été remplie? Comment s'est construit, au sein de chaque société, le mécanisme de la reconnaissance et de l'assurance du Droit et du Devoir?

Qu'est-ce qui pouvait déterminer des individus

ignorants des conditions d'existence d'une société à construire et à supporter cet appareil, malgré les gênes et les sacrifices qu'il devait leur imposer? Ce ne pouvait être évidemment que l'expérience des maux occasionnés par les infractions au Droit et les manquements au Devoir. Chaque fois, par exemple, qu'un des associés commettait un meurtre ou un vol, ou bien encore négligeait de remplir la tâche qui lui était assignée dans une expédition de chasse ou de guerre, il en résultait un dommage aisément appréciable pour la société, soit que cette atteinte au Droit ou ce manquement au Devoir se traduisît par une déperdition de forces et de ressources, ou mît en péril l'existence commune. L'expérience enseignait donc que certains actes étaient nuisibles à l'association, tandis que d'autres lui étaient utiles; il s'agissait de les discerner, d'empêcher les uns de se produire, de fomenter la production des autres.

Cette œuvre nécessaire au salut de la société, à une époque où la concurrence procédait par l'extermination des vaincus, les individus les plus intelligents, les plus capables de rattacher à leurs causes les maux dont elle souffrait, pouvaient seuls l'accomplir. Cependant, elle était hérissée de difficultés dont il est facile de se rendre compte. Ce qu'il fallait créer, c'était une discipline conforme à l'intérêt de la société, mais contraire, le plus souvent, aux instincts et aux appétits de ses membres. Une première difficulté consistait à faire comprendre à des individus ignorants et brutaux la nécessité de s'abstenir de commettre des actes qui leur procuraient une jouissance, et d'en accomplir d'autres qui leur causaient une souffrance. Une seconde difficulté, et non la moindre, en admettant qu'ils eussent compris la nécessité de cette discipline, était d'opposer à leurs instincts et à leurs appétits une force suffisante pour les y plier. Cette double difficulté, dont la solution renfermait l'avenir de la civilisation, ce fut le sentiment religieux qui permit de la résoudre.

Ce sentiment, dont nous n'avons à nous occuper ici qu'au point de vue de son utilité sociale, existe à des degrés divers dans toutes les variétés de l'espèce humaine. Il excite l'homme à imaginer l'existence d'êtres supérieurs à l'humanité, sous la domination desquels elle se trouve placée, les uns bienfaisants, les autres malfaisants; il le pousse à aimer ceux-là et à s'assurer leur bienveillance, à redouter ceux-ci et à désarmer leur malveillance par des prières, des offrandes, et par l'obéissance à leurs volontés. Ces volontés, les Dieux les communiquent, les révèlent aux hommes qui ont le plus d'affinité avec eux, dont la nature est la plus approchante de la leur. Elles ont pour objet, d'abord l'intérêt des Dieux mêmes, et elles concernent le culte qui leur est dû, ensuite l'intérêt de la société particulière qui leur appartient, et elles concernent les règles de conduite nécessaires pour assurer sa conservation et sa prospérité[1].

Or, quand les individus d'élite, chez lesquels les facultés intellectuelles et morales, la causalité et le sentiment religieux qui en est issu existaient à un plus haut degré que dans la multitude, observaient les maux et les dommages que causaient à la société le meurtre, le vol, la satisfaction immodérée des appétits actuels sans prévision des besoins futurs, quand ils imaginaient les règles de conduite qu'ils jugeaient propres à empêcher ces pratiques nuisibles, ils étaient naturellement portés à les attribuer à une inspiration, autrement dit à une communication ou à une révélation divine. Ils demandaient aux Dieux, comme le font d'ordinaire les hommes animés du sentiment religieux, ce qu'il fallait faire, quelle conduite il fallait tenir pour éviter toutes sortes de maux et obtenir toutes sortes de biens, et ils communiquaient à la foule les réponses qu'ils avaient reçues.

Tel a été le mode de création de tous les codes et de toutes les institutions originaires des sociétés.

Mais les lois et les règles de conduite que les Divinités révélaient, elles devaient, en même temps, en assurer l'observation. Elles y avisaient, en premier lieu, en se chargeant elles-mêmes de punir ceux qui

[1] Voir *Religion,* chap. II et III, Les Religions du Second Age.

les enfreignaient et de récompenser ceux qui les observaient, soit dans cette vie, soit, quand l'esprit humain se fut élevé au concept de l'immortalité de l'âme, dans une vie ultérieure; en second lieu, en investissant ceux à qui elles avaient communiqué leurs volontés, du droit de punir et de récompenser, et en enjoignant aux autres membres de la société de leur obéir comme à elles-mêmes. La société se trouvait ainsi assujettie à un gouvernement divin et à un gouvernement terrestre, issu du gouvernement divin.

Les lois édictées par les puissances supérieures, dont le sentiment religieux attestait l'existence, concernaient : 1º les rapports des membres de la société avec les Divinités; 2º avec le gouvernement qu'elles avaient institué et auquel elles avaient délégué leurs pouvoirs; 3º la conduite des individus envers eux-mêmes et envers les êtres placés sous leur dépendance; 4º les rapports des individus entre eux; 5º les rapports des individus d'une société avec ceux d'une autre et des sociétés entre elles. Ces lois étaient sanctionnées par des pénalités et des récompenses que les Dieux ou leurs délégués proportionnaient au degré de nociveté ou d'utilité des actes qu'elles avaient pour objet de réprimer ou d'encourager. La peine était toujours supérieure au plaisir que l'acte nuisible ou déclaré tel pouvait procurer, et la récompense l'emportait de même sur la peine que l'acte utile pouvait causer. Enfin, les lois étant émanées de Divinités considérées comme infaillibles, elles participaient à cette infaillibilité; elles ne pouvaient être changées, elles étaient immuables.

# CHAPITRE IV

## Mécanisme de l'assurance du Droit et du Devoir.
## La conscience et l'opinion.

Comment s'est formé le code de lois destiné à reconnaître le Droit
et le Devoir et à en assurer l'observation. — Que ces lois étaient
observées en raison de la profondeur de la foi religieuse, de
l'efficacité des sanctions et de la compréhension de l'utilité de la
loi. — Notion nouvelle de la loi et de l'obligation d'y obéir —
Comment cette notion est née dans l'âme humaine. — Comment
le sens moral s'est séparé du sentiment religieux. — Origine de
l'amour et de la crainte de la loi. — Plaisir causé par l'espoir
d'une récompense et peine causée par l'appréhension d'une pé-
nalité. — Autre force régulatrice. La conscience et le sens
moral collectifs de l'opinion. — Formation de l'opinion. Elle
juge d'abord les actes, ensuite la loi. — Que la loi émanée des
Divinités commence par être inaccessible à l'opinion. — La
séparation du gouvernement humain et du gouvernement divin et ses effets. — Partage du domaine de la loi divine et de la
loi humaine. — Que la loi divine reste immuable, mais que de
nouveaux concepts amènent le changement de la religion et de
ses lois. — Que ce changement est tantôt appuyé, tantôt contrarié
par l'État — Que l'État se considère comme infaillible et veut
conserver la loi immuable. — Que son infaillibilité ne résiste pas
à la critique. Que ses changements dans les conditions d'existence
de la société nécessitent le changement de la loi — Si le gouvernement refuse de la changer, l'opinion s'insurge. — Tantôt elle
est victorieuse et tantôt vaincue, jusqu'à ce que les gouvernements se décident à admettre son expression et sa représentation,
et à obéir à l'opinion la plus forte. — Domaine commun à la religion et à l'État — Domaine qu'ils abandonnent à l'opinion — Que
l'opinion a de tous temps gouverné les sociétés. — Sa faillibilité.
— Qu'elle progresse par l'accroissement des lumières de la conscience et le développement du sens moral. — Que les lois deviennent plus justes, et que les sanctions de l'opinion acquièrent
plus de puissance. — Que l'idéal serait que les sanctions de la
conscience individuelle suffissent à faire observer la loi.

Nous venons de voir comment, dans toutes les
sociétés en voie de civilisation, l'intelligence de l'élite

des associés, aidée du sentiment religieux, a créé un code définissant avec plus ou moins d'exactitude les droits et les devoirs de tous — les droits, c'est-à-dire les limites naturelles de leur activité, les devoirs c'est-à-dire l'emploi utile de cette activité, — et les sanctionnant au moyen d'un système de pénalités et de récompenses, que les Divinités et leurs délégués au gouvernement de la société se chargeaient d'appliquer.

Les lois, contenues dans ce code, étaient d'autant mieux obéies que la foi en l'existence et en la puissance des Divinités qui les établissaient était plus générale et plus profonde, qu'elles étaient sanctionnées par des pénalités et des récompenses plus exactement adaptées aux actes nuisibles ou utiles, que ces sanctions étaient plus certaines, enfin que les associés étaient plus capables de comprendre la nécessité des lois et de leurs sanctions, malgré les gênes et les charges qu'elles leur imposaient, partant plus disposés à s'y soumettre.

Une notion nouvelle, celle de la loi et de l'obligation d'y obéir, naquit alors dans l'intelligence humaine. Au début de leurs associations, les hommes suivaient aveuglément l'impulsion de leurs instincts, comme les animaux sauvages. Mais à cette impulsion qui les poussait à satisfaire leurs appétits, fût-ce aux dépens de leurs semblables, les Divinités du troupeau ou de la tribu opposaient une règle et un frein. Elles interdisaient certains actes, et elles sanctionnaient cette interdiction par la menace d'une peine inévitable. Quand donc un des associés commettait un de ces actes contraires à la loi établie par les Divinités, quand il commettait un meurtre ou un vol dans l'enceinte de la société, il savait qu'il contrevenait à la loi, qu'il désobéissait aux Divinités et que sa désobéissance serait infailliblement suivie d'un châtiment. Quand il obéissait à la loi, en surmontant les appétits qui le poussaient à la transgresser, il savait encore qu'il serait récompensé. Dans le premier cas, il éprouvait la sensation de malaise que produit l'attente d'une peine, dans le second la sensation de plaisir que cause l'attente d'une récompense. Ces deux sensations lui faisaient discerner le bien d'avec le mal. Le bien, c'était ce que prescrivait la loi, le mal ce qu'elle défendait. Ainsi se produisait en lui le phénomène de la conscience. Cependant il ne suffisait pas qu'il connût ce qui était bien et ce qui était mal, il fallait encore qu'il possédât la force nécessaire pour vaincre les instincts et les appétits qui l'empêchaient de faire le bien et l'excitaient à faire le mal. Cette force, il la puisait d'abord dans l'espoir des récompenses et la crainte des châtiments divins, espoir et crainte fondés sur la foi en l'existence et en la puissance des Divinités. Mais à mesure qu'il put apprécier les effets bienfaisants de la loi, il l'aima pour elle-même. Alors, il ressentit, chaque fois qu'il avait obéi à la loi, un plaisir, chaque fois qu'il l'avait transgressée une peine, un regret ou remords; et ce plaisir et cette peine, qui avaient leur source dans l'amour de la loi, de concert avec l'espoir des récompenses et la crainte des châtiments divins ou terrestres, mais indépendamment d'eux, agirent pour la lui faire observer. Le sens moral se sépara du sentiment religieux dont il était issu, il agit par lui-même; i devint l'arme de la conscience, et, en se développant, il put même suffire, chez les âmes d'élite, à l'observation de la loi.

Le développement de la conscience et du sens moral a donné naissance à une autre force régulatrice, celle de la conscience et du sens moral collectifs ou de l'opinion. Comment l'opinion se forme-t-elle, et comment agit-elle?

On peut partager en deux périodes la formation de l'opinion : dans la première, elle se borne à juger les actes en prenant la loi pour criterium, dans la seconde, elle juge les actes et la loi elle-même.

Émanée des Divinités, la loi est d'abord au-dessus des jugements individuels. Car les Divinités sont infaillibles. Cependant, si la loi ne répond pas au sentiment de la justice, inné dans l'homme comme dans les espèces supérieures de l'animalité, ou si la société, tout en l'observant, subit des calamités et des revers qui épargnent des sociétés régies par d'autres Divinités, un doute sur la puissance ou la bonté du gouvernement divin commence à naître dans les âmes et à se propager. C'est la première manifestation de l'opinion. Si ce doute se fortifie et se généralise, il excite la société à se révolter contre des Dieux impuissants ou malfaisants, et à les remplacer soit par des Dieux nouveaux, soit par ceux d'une société avoisinante, qui choisissent d'autres délégués à son gouvernement terrestre et établissent une autre loi. Le criterium de la moralité change alors avec la loi, mais la loi nouvelle n'en fournit pas moins aux consciences un criterium certain, en raison de son origine divine. Et c'est d'après ce criterium que l'opinion apprécie et juge les actes individuels ou collectifs. Si ces actes sont conformes à la loi, l'opinon les approuve, s'ils y sont contraires elle les condamne, en appliquant à ses jugements les sanctions dont elle dispose  Ces sanctions consistent dans l'estime et la sympathie pour les individus qui agissent d'une manière conforme à la loi, dans le mépris et la haine pour ceux qui commettent des actes contraires à la loi ou jugés tels, et ces jugements de l'opinion ont des effets matériels et moraux utiles ou nuisibles à ceux qui en sont l'objet. Un homme, en butte au mépris et à la haine des autres membres de la société, est exposé à toutes les conséquences dommageables de leur hostilité, tandis qu'un homme en possession de l'estime et de la sympathie de l'opinion voit s'augmenter les chances de réussite de ses entreprises, et il éprouve, de plus, la satisfaction particulière que lui procure l'approbation de ses semblables. La considération et la déconsidération sont des véhicules qui le poussent à observer la loi et qui servent ainsi d'auxiliaires aux châtiments et aux récompenses divines et terrestres édictés par les Divinités, aux peines et aux satisfactions de sa propre conscience.

Cependant — et ici s'ouvre la seconde période de la formation et de la croissance de l'opinion et de son pouvoir, — le gouvernement humain se sépare du gouvernement divin. Cette séparation, dont nous avons ailleurs expliqué les causes[1], a pour effet de disjoindre la loi religieuse et les lois politiques et civiles, jusqu'alors intimement unies. Le domaine spécial de la loi religieuse comprend les rapports de l'individu avec les Divinités, elle détermine ses devoirs envers elles et envers les délégués et les ministres du gouvernement divin; le domaine spécial de la loi politique comprend les rapports de l'individu avec son gouvernement humain; elle définit leurs droits et leurs devoirs réciproques; enfin le domaine de la loi civile, commun aux deux gouvernements, comprend les rapports des individus entre eux; elle délimite leurs droits, elle spécifie leurs devoirs envers eux-mêmes, envers les êtres placés sous leur

_______________

[1] *Religion,* chap. v, Le Particularisme religieux.

dépendance et envers leurs associés et leurs semblables. Quoique distincts, et ayant chacun, désormais, son domaine spécial, l'État divin et l'État humain demeurent pendant longtemps encore associés, et leurs lois continuent à s'accorder dans ce domaine commun.

Dictée par une ou plusieurs divinités infaillibles, la loi religieuse est immuable de sa nature, et elle semble inaccessible à l'opinion. Car la conscience individuelle n'a pas le droit de la juger, elle ne peut que s'y soumettre. Cependant, à mesure que l'intelligence se développe et que le cercle de ses connaissances s'agrandit, elle s'enhardit jusqu'à pénétrer dans ce domaine qui lui était fermé; elle ne tarde pas alors à opposer un nouveau concept de la religion et de la loi religieuse à l'ancien. Les consciences individuelles se partagent entre l'ancienne foi et la nouvelle. Une lutte s'engage. L'une et l'autre invoquent l'appui du pouvoir coercitif de l'État. Avant d'accorder cet appui, l'État examine de quel côté se trouvent le nombre et la force, il apporte d'habitude son concours à l'opinion la plus forte et proscrit la plus faible, puis, lorsque la conscience du grand nombre a réalisé un nouveau progrès, lorsqu'elle s'est élevée jusqu'à la tolérance, l'État devient tolérant à son tour, il accepte et protège également les religions concurrentes et leurs lois, à moins que ces lois ne soient, dans le domaine qui lui est spécial et dans le domaine commun, en opposition avec la sienne.

De même que l'Église, en sa qualité de délégation du gouvernement divin, le gouvernement de l'État se considère volontiers comme infaillible et il impose sa loi politique comme immuable et inaccessible aux jugements de la conscience individuelle. Mais son infaillibilité prétendue ne résiste pas à l'examen et sa loi peut moins encore que la loi religieuse échapper à la critique. Elle est d'ailleurs plus sujette à varier, en raison des changements qui s'opèrent dans les conditions d'existence des sociétés. D'abord les gouvernements la défendent, en interdisant, sous des pénalités rigoureuses, de l'examiner et de la critiquer. Mais les consciences ne se laissent pas intimider par cette interdiction, et, à la longue, une opinion se forme, qui réclame le changement de la loi politique. Si le gouvernement en possession de l'État est vainqueur, il proscrit l'opinion opposante, s'il est vaincu, l'opposition le renverse et institue, avec un nouveau gouvernement, une nouvelle loi. Enfin l'expérience lui démontre la nécessité d'admettre l'expression et la représentation de toutes les opinions, comme aussi d'obéir à la plus nombreuse et la plus forte, à l'opinion de la majorité.

Dans le domaine commun à la religion et à l'État, l'opinion rencontre moins d'obstacles, car elle ne se heurte point ou se heurte moins aux intérêts particuliers de ces deux puissances légiférantes. Lorsque l'Église n'en n'est pas empêchée par sa doctrine, comme l'est le catholicisme dans le cas du divorce, elle concède sans trop de résistance les changements demandés par l'opinion, et il en est de même de l'État, lorsque ces changements ne lui paraissent pas en opposition avec son intérêt. Plus encore que dans les matières religieuses et politiques, l'opinion exerce dans le domaine de la loi civile une influence prépondérante.

Enfin, il est un domaine que l'Église et l'État ont fini par abandonner à l'opinion et qu'elle régit seule aujourd'hui, c'est celui des convenances dans les relations sociales et de la mode.

En dernière analyse, c'est l'opinion qui a, de tout temps, gouverné le monde. A l'origine, la loi, dans ses applications diverses, était conçue par l'intelligence assistée du sentiment religieux d'un petit nombre d'individus ou même d'un seul. A mesure que l'intelligence s'est propagée, et avec elle la capacité d'examiner et de juger, ce nombre a été croissant. Mais l'opinion n'en n'est pas moins restée faillible et ses progrès en élévation n'ont pas été de pair avec ses progrès en étendue.

Néanmoins, à mesure que les consciences individuelles s'éclairent et que le sens moral qui leur prête la force nécessaire à l'exécution de leurs jugements se développe, l'opinion, qui n'est qu'une conscience collective, progresse, et les lois qu'elle édicte deviennent mieux adaptées à leur objet, c'est-à-dire plus « justes ». En même temps, ses sanctions acquièrent plus de puissance, et un jour viendra peut-être où elles suffiront pour faire observer les lois, en remplaçant celles des pénalités divines et humaines. L'idéal serait que les progrès de la conscience individuelle rendissent, de même, inutiles ces sanctions de la conscience collective; mais est-il besoin d'ajouter que l'idéal n'est pas de ce monde?

# CHAPITRE V

## Les droits et la loi positive.

Nécessité qui a déterminé la formation d'un code de lois positives. — Ce code concerne les droits et les devoirs naturels ainsi que les droits et les devoirs sociaux et politiques — Les droits naturels dérivent de la constitution de l'individu et de ses conditions d'existence — Le droit de travailler et ses corollaires, le droit de s'associer et de disposer des fruits de son travail. — Du droit de travailler dérive le droit de posseder — La propriété personnelle et son origine — La propriété mobilière et immobilière — Que l'homme obéit en produisant au mobile de la peine et du plaisir. — Que ce mobile n'agit sur lui qu'a la condition qu'il possède les choses produites et qu'il puisse en disposer. — Que toute restriction au droit de propriété diminue le pouvoir d'action de ce mobile — Que les individus apportent leurs droits naturels dans la societe. — Qu'ils reconnaissent la nécessite d'un gouvernement pour les garantir. — Que ce gouvernement consiste en une association speciale. — Autres associations qui se constituent en dehors de celle là : associations de famille, de production et de consommation — Les droits dans les associations de famille et autres. — Qu'ils sont détermines par l'objet de l'association. — Qu'ils résultent, dans les associations de production, de conventions entre les individus — Qu'une foule de droits conventionnels naissent de la division du travail et de l'échange, droits du vendeur et de l'acheteur, du propriétaire et du locataire, du prêteur et de l'emprunteur. — Que les droits conventionnels ont leur source dans les droits naturels et doivent etre reconnus et sanctionnés par la loi positive.

La nécessité de reconnaître, de délimiter et d'assurer les droits et les devoirs individuels ou collectifs, s'est fait sentir dans toutes les sociétés en voie de civilisation, et elle a provoqué la création d'un code de lois positives. Ce code concerne deux catégories de droits et de devoirs :

1° Ceux qui dérivent de la nature de l'homme. Ce sont les droits et les devoirs naturels ;

2° Ceux qui dérivent de l'état de société et de l'institution d'un gouvernement chargé de garantir les droits et les devoirs sociaux et politiques.

Examinons sommairement en quoi consistent les uns et les autres.

I. — LES DROITS NATURELS. — Les droits naturels sont ceux qui dérivent de la constitution même de l'individu et de ses conditions d'existence. L'homme, avons-nous dit, est un composé de matière et de forces, qui doivent être continuellement réparées et renouvelées par l'assimilation, ou, pour nous servir de l'expression économique, par la consommation de matériaux et de forces puisés dans le milieu ambiant. Ces matériaux et ces forces, l'homme est obligé de les acquérir et d'appliquer à leur acquisition ceux dont il peut disposer en lui-même et en dehors de lui. En un mot, il est obligé de travailler. Le droit de travailler dérive de cette obligation que la nature lui impose. C'est donc un *droit naturel*. Si l'individu est, dans quelque mesure, empêché d'user de ce droit, s'il ne peut employer librement les forces et les matériaux dont il dispose à produire les choses dont il a besoin pour l'entretien de sa vitalité, si encore il ne peut les associer à ceux d'autres indi-

vidus, qu'arrive-t-il? C'est qu'il n'obtient pas, en
échange de son travail, toute la quantité de matériaux
et de forces vitales qu'il aurait obtenue si son droit
de travailler n'avait pas été entravé ; c'est, en conséquence, qu'il est moins excité à produire. Ajoutons
que les restrictions à l'exercice de ce droit naturel ne
nuisent pas seulement à l'individu, elles nuisent
encore, et d'une manière croissante à mesure que la
division du travail et l'échange se déve'oppent
davantage, à tous les autres membres de la société.
Car moins chacun travaille pour les autres, moindre
est la quantité qu'ils obtiennent de ses produits en
échange des leurs.

Il faut donc, pour que chacun soit au plus haut
degré excité à produire à son avantage et à celui de
la communauté, que sa liberté de travailler soit
assurée dans les limites de son droit, c'est-à-dire
sans que cette liberté empiète sur celle d'autrui.
Reconnaître ce droit dans ses limites naturelles et en
garantir le plein exercice, sauf les restrictions qui
peuvent être nécessitées par cette garantie même,
tel doit être l'objet de la loi positive.

Du droit de travailler dérive le droit de posséder
les fruits de son travail et d'en disposer, autrement
dit le droit de propriété. L'homme commence par
s'approprier les forces qui existent en lui-même pour
les employer à l'acquisition des choses nécessaires à
la conservation de sa vitalité. C'est son premier

travail. Ces forces dont il s'empare et qu'il gouverne constituent, comme nous l'avons vu, sa *propriété personnelle*. A quoi les emploie-t-il? Il les emploie à produire les choses dont il a besoin. Analysez cette opération, et vous trouverez qu'elle se résout en un échange. L'homme fait une dépense de force et subit une peine en produisant : en échange de cette force dépensée et de cette peine subie, il obtient un produit ou un instrument de production qui lui procure directement ou indirectement une jouissance. Cela étant, le produit contre lequel il a échangé sa force vitale ne lui appartient-il pas comme lui appartenait cette force même? La propriété mobilière ou immobilière qu'il a ainsi créée n'est-elle pas une émanation de sa propriété personnelle?

Il ne possède plus dans sa personne la force qu'il a dépensée, mais il possède, au même titre, les choses dans lesquelles il l'a investie, et qui la contiennent sous une autre forme, dans une autre enveloppe.

Enfin, à quel mobile obéit-il en produisant ces choses? Il obéit au mobile de la peine et du plaisir. Il estime que la peine qu'il s'impose sera récompensée par une jouissance ou une épargne de peine supérieure. Mais cette récompense, il ne peut l'obtenir qu'à une condition : c'est de posséder les choses qu'il a produites comme il possédait la force qu'il a dépensée pour les produire, c'est de pouvoir en user ou en disposer à sa guise, les consommer, les conserver, les échanger, les prêter, les louer, les donner, les léguer. Si son droit de propriété n'est pas sûrement garanti ou s'il est diminué, de quelque façon et dans quelque mesure que ce soit, qu'arrive-t-il? C'est qu'en échange de la force qu'il a dépensée et de la peine qu'il a subie en faisant cette dépense, il n'obtient qu'un produit et une jouissance diminués du montant de la restriction ou du risque de confiscation de son droit; c'est, en conséquence, qu'il est moins excité à produire.

Il faut donc encore que la loi positive garantisse la propriété que chacun a acquise en usant de sa liberté dans les limites de son droit, sauf les restrictions et les charges nécessaires pour opérer cette garantie. Car toute atteinte portée à la propriété aussi bien qu'à la liberté a pour conséquence naturelle et inévitable un amoindrissement de l'excitation à produire, partant une diminution de la production des matériaux de réparation et de renouvellement des forces vitales, au détriment de l'individu et de la société.

II. — LES DROITS QUI DÉRIVENT DE L'ÉTAT DE SOCIÉTÉ. — En constituant une société, en vue de se défendre contre les espèces concurrentes et contre leurs semblables, comme aussi de jouir des avantages économiques de l'association, de la division du travail et de l'échange, les hommes y apportent leurs droits naturels, et ces droits se ramifient et se multiplient en raison de l'emploi que les associés font de leurs forces et de leurs ressources. Avant tout, ils reconnaissent la nécessité de posséder un gouvernement qui se charge d'assurer leurs droits naturels contre toute atteinte intérieure ou extérieure. Ce gouvernement, tantôt ils le constituent eux-mêmes, tantôt ils l'acceptent ou le subissent lorsqu'ils n'ont point contribué à le fonder. Mais, quelle que soit son origine, il se compose d'un certain nombre d'individus associés à des conditions diverses dans un but commun. C'est une association spéciale qui se place au sommet de la société générale.

Au-dessous de cette association supérieure, il s'en forme une multitude d'autres pour satisfaire les besoins individuels ou collectifs des membres de la société : associations de famille, de production, de consommation. Dans chacune apparaissent des droits que la loi positive doit reconnaître, et auxquels le gouvernement, la religion, l'opinion et la conscience individuelle apportent, tantôt de concert, tantôt séparément et diversement, leurs sanctions.

Dans l'association de famille, la loi positive est appelée à reconnaître et à garantir les droits de chacun des conjoints et ceux des enfants issus de leur union. Dans les associations de production et de consommation, elle intervient pour définir et assurer les droits de l'association vis-à-vis de chacun de ses membres et de ceux-ci vis-à-vis d'elle. Ces droits dérivent de la nature de l'association, et ils sont déterminés par son objet. Ils résultent de conventions faites entre les associés; mais ces conventions ont beau être librement stipulées et consenties, elles sont soumises à des règles générales; la loi positive ne doit les reconnaître et les garantir qu'autant qu'elles sont conformes aux droits naturels de l'individu, qu'elles n'augmentent pas la liberté et la propriété de certains associés en diminuant celles des autres, enfin qu'elles ne portent point atteinte aux droits des tiers.

D'autres droits conventionnels — ceux-ci innombrables dans les sociétés arrivées à un haut degré de richesse et de civilisation — naissent des rapports que créent la division du travail et l'échange, soit entre les individus, soit entre leurs associations. Tout échange, vente, prêt ou location, fait apparaître deux droits : droits du vendeur et de l'acheteur, du prêteur et de l'emprunteur, du propriétaire et du locataire. S'il s'agit d'une vente, l'acheteur acquiert le droit, aussitôt le marché conclu, de se faire livrer la marchandise, et le vendeur d'en obtenir le paiement en monnaie. Si la marchandise n'est pas livrée dans le délai convenu, si elle ne l'est pas dans la quantité et la qualité stipulées, le droit de l'acheteur est atteint, et la loi positive, qui a reconnu et spécifié ce droit, doit intervenir pour le sanctionner; elle doit protéger de même le droit du vendeur et le faire prévaloir, si le paiement de la marchandise n'est pas effectué dans les conditions stipulées. S'il s'agit d'un prêt ou d'une location, d'un héritage, d'un legs, ou de tous autres contrats, conventions ou stipulations, des droits analogues apparaissent; mais encore faut-il que le contrat, la convention ou la stipulation ne soit point vicié par quelque atteinte à la liberté ou à la propriété de l'une des parties ou d'un tiers, en un mot qu'il soit conforme au droit naturel, et c'est à la loi positive qu'il appartient d'assurer cette conformité.

En résumé, tous les droits qui dérivent de l'état de société ont leur source dans les droits naturels de l'individu, savoir dans la liberté et la propriété. Tous doivent être reconnus et sanctionnés par la loi positive, car ils sont continuellement menacés, à la fois par l'ignorance des limites de la liberté et de la propriété et par la tendance au vol, issue de l'impulsion aveugle du mobile de la peine et du plaisir. Or, chaque fois qu'un droit est atteint, chaque fois que la liberté ou la propriété individuelle subit une diminution, il en résulte une déperdition de forces vitales, au détriment de l'individu et de la société.

# CHAPITRE VI

## Les droits politiques.

En quoi consistent les droits politiques. — Que les droits d'un gouvernement dérivent de son objet — Qu'il doit reconnaître les
droits naturels des individus, les consigner dans un code de lois
positives, et créer les institutions nécessaires pour les garantir —
Qu'en remplissant cette double tâche il produit de la sécurité. —
Caractère de la sécurité. — Qu'elle ne peut être produite individuellement. — Qu'elle ne peut l'être que par une association —
Que cette association se nomme un gouvernement. — Les producteurs et les consommateurs de sécurité. — Leurs droits respectifs
sont des droits politiques — Que ces droits résultent d'une convention, laquelle ne diffère point des autres marchés. — Que la
production de la sécurité comprend deux services connexes:
l'établissement et la garantie de la loi positive — Que ces deux
services peuvent être séparés — La coutume et la loi; ce qui les
différencie — Source du droit de faire la loi et de la garantir. —
Que ce droit dérive simplement du droit de travailler pour satisfaire ses besoins ou ceux d'autrui. — Qu'en face de ce droit du
producteur de sécurité, apparaît le droit du consommateur. — Que
ce droit consiste à accepter ou à refuser la sécurité, à en débattre
le prix et à en contrôler la qualité — Que ce droit a été exercé de
tous temps — Conditions auxquelles la sécurité peut être produite.
— Les frais de production de la sécurité et le profit nécessaire du
producteur. — Les charges et les servitudes que le producteur
doit imposer aux consommateurs pour remplir son office.

Les droits politiques sont ceux des gouvernements
vis-à-vis des gouvernés et ceux des gouvernés vis-
à-vis des gouvernements.

Les droits d'un gouvernement dérivent de son
objet, qui est de garantir dans leurs limites naturelles,
contre toute atteinte extérieure ou intérieure, la liberté et la propriété individuelle ou collective des

membres de la société. Il doit donc reconnaître ces limites et édicter ou ratifier un code de lois positives qui soient adéquates aux droits naturels des individus, sauf les restrictions nécessaires pour en assurer l'observation. En même temps, il doit constituer et mettre en œuvre une armée, des tribunaux et une police, qui forment la machinerie nécessaire pour opérer cette sorte d'assurance.

En remplissant cette double fonction de la reconnaissance et de la garantie des droits naturels de sa clientèle, il produit de la « sécurité ».

A le bien considérer, le besoin de sécurité est le premier et le plus nécessaire de tous, car il concerne la conservation de la vie, de la liberté et de la propriété de chacun. Ce qui caractérise encore ce besoin, c'est qu'il ne peut être satisfait individuellement par ceux qui le ressentent. Il ne peut l'être que par une association disposant de forces et de ressources suffisantes pour couvrir les risques qui menacent les droits naturels de sa clientèle.

Cette association, dont l'industrie principale, sinon unique, consiste à produire de la sécurité, c'est le gouvernement.

Les gouvernements sont des producteurs de sécurité; les individus auxquels ils fournissent cet article de première nécessité sont des consommateurs de sécurité. Leurs droits respectifs sont des droits politiques.

Ces droits résultent d'une convention ou d'un marché dont les clauses peuvent n'être point débattues, mais qui, dans son essence et son objet, ne diffère point des conventions ou des marchés auxquels donnent lieu les autres besoins matériels ou moraux.

De quoi s'agit-il? de la production de deux services connexes quoique distincts : l'établissement de la loi positive et la garantie de cette loi. Ces deux services peuvent être séparés, et ils le sont même fréquemment dans la pratique. Tantôt les membres les plus intelligents d'une société embryonnaire reconnaissent les limites de la liberté et de la propriété de chacun et ils s'efforcent d'imposer le concept qu'ils en ont, à la généralité des membres de la société. Si ce concept est accepté, il forme la « coutume ». Dans ce cas, la société demande simplement au gouvernement de garantir l'observation et le respect de la coutume. Tantôt, au contraire, c'est le gouvernement qui se charge de reconnaître et de délimiter la liberté et la propriété de chacun, en chargeant de cette œuvre ses jurisconsultes. Dans ce cas, il garantit la loi, comme, dans l'autre, il garantit la coutume, en mettant en œuvre son armée, sa magistrature et sa police.

Mais où les législateurs et les prophètes qui conçoivent la coutume, les gouvernements qui chargent leurs jurisconsultes de confectionner la loi, enfin qui font observer et respecter la coutume ou la loi, puisent-ils leur droit?

Ils le puisent dans le droit de travailler pour satisfaire soit leurs propres besoins, soit les besoins d'autrui. Le droit d'un gouvernement à se charger des deux sortes de services qu'implique la production de la sécurité n'est qu'une manifestation spéciale du droit d'employer son activité, ses forces et ses ressources à l'exercice d'une industrie et à la satisfaction d'un besoin.

Mais, en regard de ce droit du producteur de sécurité apparaît le droit du consommateur. De même que celui-là a le droit de produire et d'offrir ses services, celui-ci a le droit de les accepter ou de les refuser, d'en débattre le prix et d'en contrôler la qualité, exactement comme s'il s'agissait de toute autre marchandise.

Ce droit du consommateur a été exercé de tout temps, d'une manière plus ou moins complète, même lorsque les législateurs et les prophètes concevaient la loi ou la coutume sous l'inspiration de l'intelligence divine. Cette coutume ou cette loi émanée de la Divinité, le peuple l'acceptait d'habitude, sous l'impulsion du sentiment religieux, mais lorsque l'expérience la lui rendait, à tort ou à raison, antipathique, il abandonnait le culte des Divinités qui l'avaient inspirée et les remplaçait par d'autres qui dictaient une loi plus à sa convenance.

Si nous examinons les conditions auxquelles la sécurité peut être produite et fournie à ceux qui en ont besoin, nous trouverons que ces conditions sont de deux sortes :

1° Il faut que l'association spéciale qui la produit couvre ses frais de production avec un profit en harmonie avec ceux des autres industries. Ses frais consistent dans la constitution et l'entretien de l'appareil qu'elle met en œuvre, dans la rétribution de son personnel militaire et civil, dans l'établissement et l'entretien de son matériel de forteresses et d'armements, de ses tribunaux, de ses prisons, etc. Il est indispensable que le prix de la sécurité couvre ces frais, et, en conséquence, que le producteur ait le droit de le fixer, de le percevoir sous une forme ou sous une autre, enfin d'en assurer le recouvrement, sauf à s'accorder sur ces différents points avec le consommateur;

2° En vertu de la nature même de la sécurité, il faut que l'association qui la produit ait le droit de rechercher ceux qui portent atteinte à la liberté et à la propriété individuelle ou collective, et de leur infliger des peines dépassant la jouissance que peut leur procurer cette nuisance. De là l'obligation, pour le consommateur, de se soumettre aux restrictions à sa liberté, autrement dit aux servitudes que nécessitent la recherche et la répression ou la prévention des atteintes à sa liberté et à sa propriété, mais toujours sous la réserve de son droit d'accepter ou de refuser ces conditions ou d'en réclamer la modification, enfin de s'adresser à quelque autre producteur de sécurité.

En résumé donc, le fondement des droits qualifiés de politiques réside simplement dans les droits naturels des producteurs et des consommateurs de toutes sortes de produits et services. La production de la sécurité ne présente, au point de vue du Droit, qu'une particularité qui la distingue de la généralité des industries — encore retrouve-t-on cette particularité dans les autres espèces d'assurances, — c'est d'imposer au consommateur des restrictions à l'exercice de la liberté et à l'usage de la propriété, qu'elle a pour objet de garantir. Mais, dans la pratique, les rapports des gouvernants et des gouvernés ont subi l'influence de faits et de circonstances qui en ont singulièrement altéré le caractère, en déterminant l'asservissement du consommateur au producteur[1].

---

[1] Voir *L'Évolution politique et la Révolution* et *Les Lois naturelles de l'Économie politique,* 4e partie, La Servitude politique

# CHAPITRE VII

## Les devoirs et la loi positive.

Deux catégories de devoirs : ceux qui consistent à respecter le droit d'autrui, et ceux qui consistent à user, conformément à l'utilité de la société, de la propriété et de la liberté dans les limites du droit — Devoirs compris dans cette dernière catégorie. — Devoirs de l'individu envers lui-même, envers les êtres auxquels il donne le jour, d'assistance envers ceux qui le lui ont donné, envers les autres membres de la société, envers la société, envers les espèces inférieures, envers la Divinité — Devoirs sanctionnés par la loi positive. — Devoirs abandonnés à l'appréciation et à la sanction de la conscience individuelle, de l'opinion et de la religion. — Sentiments qui aident à l'accomplissement des devoirs — Leur insuffisance. — Qu'ils doivent être subordonnés au principe supérieur de l'utilité générale et permanente de l'espèce.

Les devoirs peuvent être partagés en deux catégories : ceux qui consistent à respecter la liberté et la propriété des autres membres de la société, à exécuter fidèlement les conventions, les contrats ou les marchés faits avec eux, et ceux qui consistent à user de sa liberté et de sa propriété conformément à l'utilité générale.

Cet emploi utile de la liberté et de la propriété s'opère par l'accomplissement d'une série de devoirs : devoirs de l'individu envers lui-même, envers les êtres auxquels il donne le jour et ceux auxquels il le doit, devoirs envers la société dont il est membre et envers ses associés pris individuellement, devoirs envers la généralité de son espèce et des espèces inférieures, devoirs envers la Divinité.

En analysant ces devoirs, on reconnaît d'abord qu'en s'abstenant de les remplir, l'individu cause une déperdition de forces vitales à la société et à l'espèce; qu'en les remplissant, au contraire, il contribue à accroître la somme des forces vitales de la société et de l'espèce, qu'il diminue la somme générale des souffrances et augmente celle des jouissances. On reconnaît ensuite qu'il y a une hiérarchie des devoirs, en ce que les uns sont plus utiles que les autres, et dans le cas où l'individu se trouve obligé de choisir entre eux, qu'il doit pourvoir au plus utile, quand même, en y pourvoyant, il en sacrifierait quelque autre.

Passons-les rapidement en revue. En premier lieu apparaissent les devoirs de l'individu envers lui-même. L'individu peut être considéré comme investi d'un dépôt de forces vitales, qui lui ont été confiées dans un but qu'il ignore, mais qu'il doit conserver et accroître, en produisant les choses nécessaires à la réparation et à l'augmentation de ses matériaux de vitalité, et en les distribuant entre ses besoins actuels et futurs. Le premier de ses devoirs consiste donc à travailler pour subvenir à la généralité de ses besoins, le second à distribuer le produit de son travail entre ses besoins, de manière à conserver et à accroître sa vitalité en puissance et en durée.

Il doit, en conséquence, discipliner ses appétits, et soustraire notamment aux besoins actuels la part nécessaire aux besoins futurs. Lorsque cette discipline des appétits est assez exacte pour que l'individu produise et distribue ses produits de manière à porter au maximum ses matériaux de vitalité, il contribue à porter au maximum aussi la puissance d'expansion et de durée de la société et de l'espèce.

Cependant, l'individu ne doit pas travailler seulement pour subvenir à ses propres besoins; il doit travailler encore pour pourvoir à ceux des êtres auxquels il donne le jour, jusqu'à ce qu'ils soient en état d'y pourvoir eux-mêmes. S'il manque à ce devoir, de deux choses l'une : ou ses enfants périront, ou ils devront être nourris et élevés aux dépens des autres membres de la société. Dans les deux cas, la société subira une déperdition de forces vitales, une nuisance. Mais le devoir de la paternité ne comprend pas seulement l'élève des enfants, il comprend aussi leur multiplication dans la proportion utile à la société : tout individu a le devoir de contribuer pour sa part à la formation de la génération qui est appelée à remplacer la sienne, et, en même temps, le devoir de n'y contribuer que dans une mesure utile, c'est-à-dire qu'autant qu'il est en état de pourvoir à l'élève des enfants qu'il met au jour et que le nombre n'en dépasse point la proportion utile. Le devoir de subvenir aux besoins de la mère pendant la période où la gestation et le soin de ses enfants absorbent son activité, n'a pas un moindre caractère d'utilité. Le devoir d'assistance envers les parents, en revanche, peut être considéré comme moins utile, en ce qu'il supplée seulement au devoir de l'individu, de pourvoir lui-même aux besoins de sa vieillesse. A plus forte raison, le devoir d'assistance à l'égard des autres membres de la société et de l'espèce occupe-t-il un rang inférieur dans la hiérarchie des devoirs, et ne doit-il être exercé qu'autant qu'il ne décourage pas l'accomplissement des devoirs de l'individu envers lui-même. Les devoirs de l'individu envers la société dont il est membre n'apparaissent qu'autant qu'elle est mise en péril, et l'assistance qui lui est due est proportionnée aux risques auxquels elle est exposée. Les devoirs envers les espèces inférieures consistent à ne leur demander que des services proportionnés à leurs forces, et à les rétribuer en raison de ce qu'on leur demande ; le résultat utile de la pratique de ce devoir, c'est de procurer à la société les services les plus efficaces de ses auxiliaires inférieurs. Enfin, les devoirs envers la Divinité sont de même commandés par l'utilité de la société et de l'espèce, en ce qu'ils contribuent à faire naître et subsister chez l'individu la force morale nécessaire pour discipliner et gouverner ses appétits, et subordonner leur satisfaction à l'accomplissement de la généralité de ses devoirs.

De même que la loi positive reconnaît, définit et assure les droits, elle reconnaît, définit et assure les devoirs dont l'accomplissement est jugé le plus utile à la conservation et au développement de la société; elle abandonne les autres à la conscience individuelle, à l'opinion et à la religion, en leur laissant le soin de les sanctionner au moyen des pénalités et des récompenses qui leur sont propres.

Il convient de remarquer que l'observation des droits et l'accomplissement des devoirs sont aidés par l'impulsion de sentiments inhérents à la nature humaine : tel est, pour l'accomplissement du devoir envers soi-même, le sentiment de la conservation; pour celui des devoirs de famille, le sentiment de la paternité et l'amour filial; pour celui des devoirs envers ses semblables et même envers les espèces inférieures, la sympathie; pour celui des devoirs envers la société elle-même, cette sympathie spéciale que l'on a désignée sous le nom d'amour de la patrie; pour celui des devoirs envers la Divinité, le sentiment religieux; mais ces divers sentiments n'existent qu'à des degrés fort inégaux, et ils sont rarement assez forts pour déterminer seuls l'observation de la loi. Souvent même ils en déterminent la violation sur un point, en vue de son accomplissement sur un autre. Le sentiment de la paternité, par exemple, poussera à empiéter sur la propriété d'autrui pour augmenter le patrimoine des enfants.

L'amour de la patrie excitera à commettre des atteintes à la liberté et à la propriété des autres sociétés. Le sentiment religieux poussera ceux qui en sont possédés à attenter à la liberté de ceux qui pratiquent un autre culte. Ces sentiments eux-mêmes doivent donc être à la fois développés quand ils sont trop faibles, contenus et réglés quand ils sont excessifs, et toujours être subordonnés, dans leurs manifestations, au principe supérieur de l'utilité générale et permanente de la société et de l'espèce[1].

[1] Voir pour les développements, *La Morale économique*, livre III, La Matière de la Morale. Le Devoir.

# CHAPITRE VIII

## La capacité morale et la tutelle.

Nécessité de la capacité morale pour exercer les droits et remplir les devoirs. — Inégalité de cette capacité. — Que l'intérêt supérieur de la société exige que les incapables soient mis en tutelle, et que l'exercice de certains droits et devoirs qui demandent une capacité supérieure soit interdit à ceux qui ne la possèdent point — Que l'expérience décide s'il y a lieu ou non de mettre certaines catégories d'individus en tutelle. — Qu'elle décide encore à qui cette tutelle doit être confiée et comment elle doit être exercée. — Les droits et les devoirs du tuteur et du pupille. — De la capacité d'exercer les droits politiques. — Que cette capacité est essentiellement inégale. — Que son insuffisance motive l'exclusion de l'exercice des droits politiques. — Mesure de cette exclusion. — Les avantages et les inconvénients du suffrage restreint et du suffrage universel

Les lois qui reconnaissent, définissent et sanctionnent les droits et les devoirs individuels ou collectifs des membres d'une société, ont pour objectif l'utilité de la société, et, par répercussion, celle de ses membres. Mais encore faut-il que ceux-ci possèdent la capacité morale nécessaire pour les connaître, et la force non moins nécessaire pour surmonter l'impulsion des appétits qui poussent à les enfreindre. Cette capacité et cette force n'existent point chez les enfants en bas âge, chez les fous et chez les vieillards retombés en enfance; elles n'existent généralement chez les femmes qu'à un moindre degré que chez les hommes, et chez les hommes eux-mêmes elles sont très inégalement distribuées. Que résulte-t-il de là? C'est que l'utilité ou l'intérêt de la société exige :

1º Que les individus incapables d'observer les lois et qui par conséquent ne peuvent être rendus responsables des infractions qu'ils y commettent, soient placés sous la tutelle de ceux qui possèdent cette capacité, et que ceux-ci soient rendus responsables de leurs actes;

2º Que l'exercice de certains droits et devoirs qui exigent une capacité supérieure et particulière soit interdit à ceux qui ne possèdent point cette capacité.

C'est l'observation et l'expérience qui décident s'il y a lieu ou non de mettre en tutelle certaines catégories d'individus, en attestant qu'ils usent de leur liberté pour commettre des actes nuisibles à autrui et à eux-mêmes. Elles décident encore du choix des tuteurs, de la façon et de la mesure dans lesquelles il convient que la tutelle soit exercée. La pratique de la tutelle en effet est un art. S'il s'agit d'un enfant dont les forces morales comme les forces physiques sont destinées naturellement à se développer, il faut que la tutelle soit pratiquée de manière à seconder et non à contrarier leur développement; que lorsque les facultés gouvernantes ont acquis une certaine force chez l'enfant, on lui permette de les exercer, car c'est par l'exercice seulement qu'elles peuvent acquérir toute leur vigueur. Enfin, la tutelle fait apparaître une série de droits et de devoirs : ceux du tuteur et du pupille. Le tuteur a le droit que lui confère sa capacité morale et sa responsabilité de gouverner les actes du pupille ; il a le devoir d'exercer ce gouvernement dans l'intérêt du pupille et non dans le sien. Le pupille possède les mêmes droits de liberté et de propriété qu'il posséderait s'il avait la capacité nécessaire pour les exercer. Si le tuteur néglige de les sauvegarder ou s'il y porte atteinte, l'intérêt de la société commande de l'obliger d'une manière ou d'une autre à les respecter, au besoin de lui enlever la tutelle pour la remettre à un autre plus capable de la pratiquer *bona fide*. Le pupille a le devoir d'obéir à son tuteur, à moins que celui-ci ne lui commande des actes tels que sa capacité, si faible qu'elle soit, lui permette d'en reconnaître l'immoralité.

C'est encore l'observation et l'expérience qui décident s'il y a lieu ou non d'interdire à certaines catégories d'individus l'exercice de certains droits et de certains devoirs qui exigent une capacité supérieure et spéciale. Tels sont les droits et les devoirs politiques.

Tandis que la généralité des autres droits et devoirs n'exigent d'autre capacité que celle qu'implique l'observation de la loi, ce qui caractérise les droits politiques c'est qu'ils confèrent à ceux qui les exercent le pouvoir de changer la loi, soit par eux-mêmes, soit par leurs représentants. Il faut donc que les individus investis de ce pouvoir possèdent la capacité nécessaire soit pour juger la loi, la conserver, la modifier ou la changer, soit pour nommer des représentants qui possèdent cette capacité et qui aient la force morale requise pour exécuter fidèlement le mandat qui leur est confié. Or, l'appréciation de la loi exige des connaissances supérieures et particulières, et l'aptitude à choisir des représentants qui possèdent ces connaissances et aient assez de force morale pour résister à la pression des intérêts en opposition avec l'intérêt général, en y comprenant ceux des électeurs eux-mêmes. C'est pourquoi, dans toutes les sociétés, des catégories nombreuses d'individus, qu'ils fussent ou non en possession de l'exercice des droits civils, ont été exclus de l'exercice des droits politiques.

Deux systèmes, celui du suffrage restreint et celui du suffrage universel se sont partagés les esprits sur la mesure dans laquelle cette exclusion peut être opérée utilement, c'est-à-dire conformément à l'intérêt général et permanent de la société. Le premier considère non sans raison la capacité politique comme la condition indispensable de l'exercice du droit d'intervention dans le gouvernement de la société. En vertu de ce système, c'est donc la classe au sein de laquelle cette capacité se rencontre au plus haut degré, la classe supérieure en lumières et en moralité, qui doit seule être investie de l'exercice des droits politiques. Seulement, la difficulté consiste à reconnaître cette classe et en fixer les limites. Faute d'indications positives et caractéristiques, on a procédé dans cette recherche par voie d'empirisme. On a tenu pour acquis, qu'ici la classe supérieure ou l'aristocratie, là la classe supérieure et moyenne ou la bourgeoisie, possédait presque exclusivement les matériaux de la capacité politique. Ensuite, faute d'un autre criterium suffisamment pratique, on a pris tantôt uniquement, tantôt avec certaines exceptions en faveur des professions dites libérales, le chiffre de l'impôt pour établir la frontière des classes investies de l'exercice des droits politiques. Ce système a produit naturellement des résultats inégalement utiles, selon le degré de capacité intellectuelle et morale des classes auxquelles il remettait le pouvoir de faire la loi et de l'appliquer. Mais l'attribution de ce pouvoir à une classe n'en constituait pas moins un privilège, un monopole, et tout monopole est corrupteur de sa nature. Au lieu de se guider sur l'intérêt général et permanent de la société, les classes investies du monopole des droits politiques se sont de plus en plus laissées aller à la tentation de satisfaire avant tout leurs appétits actuels et temporaires, fût-ce aux dépens des autres classes et de l'utilité générale. L'opinion a fini par se soulever contre ces pratiques égoïstes, et par réclamer d'abord l'abaissement du cens électoral et finalement le suffrage universel. C'était l'abandon du système de la capacité, ou pour mieux dire l'assimilation de la capacité politique à la capacité civile.

Les promoteurs du second système, celui du suffrage universel, supposaient qu'il n'y a aucune différence entre ces deux sortes de capacités, que tout individu capable d'exercer ses droits civils, d'user de sa liberté et de sa propriété, de gérer ses affaires privées, en observant la loi, est en même temps capable de participer à la gestion des affaires politiques, et, en tous cas, de choisir des mandataires éclairés, moraux, et guidés uniquement par l'ambition de servir l'intérêt public. L'expérience actuellement en cours du suffrage universel n'a pas ratifié, il faut le dire, ces prévisions optimistes, et on se l'explique aisément quand on considère l'état général des lumières et de la moralité des nations, même les plus avancées en civilisation. Si les classes supérieures ne possèdent point exclusivement les matériaux de la capacité politique, elles en renferment cependant, partout, la plus grosse part, et à mesure qu'on descend dans des couches plus basses de la société, ces matériaux y deviennent plus rares. La somme des incapacités qui dépassaient déjà dans les classes limitées par le cens, celle des capacités, s'est grossie et est devenue l'immense majorité dans la masse illimitée du suffrage universel. Les destinées des nations sont tombées entre les mains de cette masse de mineurs politiques, émancipés avant le temps. C'est en flattant leurs passions et leurs appétits qu'on obtient leurs suffrages, plutôt qu'en leur tenant le langage de la raison. Les intelligences et les caractères élevés répugnent naturellement à s'abaisser jusqu'au niveau de l'ignorance et des bas instincts de la multitude, et ils cèdent la place à une catégorie inférieure d'individus dont l'ambition et les convoitises surmontent ces répugnances. Le suffrage universel a sinon engendré, du moins multiplié les « politiciens ».

Nous avons vu ailleurs comment les expériences de plus en plus nuisibles du suffrage restreint et du suffrage universel conduiront les nations à adopter un système de gouvernement mieux adapté à leur intérêt [1].

---

[1] Voir *L'Évolution politique et les Lois naturelles*.

# CHAPITRE IX

## Les servitudes.

Que les droits et les devoirs sont immuables. — Qu'il ne s'ensuit
pas que les lois positives doivent l'être. — Que chaque société a
les siennes et qu'elles se modifient d'une époque a une autre. —
Que ce fait tient d'abord à ce que les lois positives sont l'œuvre
d'hommes imparfaits et faillibles, partant, qu'elles ne sont pas
toujours l'expression fidele des droits et des devoirs. — Qu'il
tient ensuite à l'inégalité de la capacité morale d'une société à une
autre et des conditions changeantes de l'existence des sociétes,
partant, de l'assurance des droits et des devoirs et des servitudes
qu'elle nécessite — Que les frais de cette assurance varient d'un
pays et d'une époque a une autre. — Des restrictions variables
qu'exige la perception des impôts. — Des servitudes judiciaires
et penales necessaires pour assurer la sécurité interieure. — Des
servitudes nécessaires pour assurer la sécurité exterieure. — Les
servitudes commerciales et militaires. — Que la capacité morale
d'une part, les risques intérieurs et exterieurs que l'assurance de
la sécurite doit couvrir étant divers et mobiles, les lois positives
doivent varier. — Qu'elles contiennent deux elements : le droit et
le devoir qui sont immuables et les servitudes qui sont mobiles —
Erreur des théoriciens qui nient l'existence des droits et des de
voirs naturels.


Les droits et  es devoirs ont pour caractère commun d'être immuables; ils sont les mêmes en tous
lieux et en tous temps, car ils dérivent de la nature
des hommes et de leurs conditions d'existence. Tous
les hommes, quelle que soit la région qu'ils habitent
et l'époque à laquelle ils vivent, ont naturellement le
droit de travailler, individuellement ou en s'asso-
ciant, de s'approprier les fruits de leur travail, d'en

user, de les échanger, de les prêter, de faire des conventions, de conclure des marchés, de participer au gouvernement de leur société. Tous ont le devoir de travailler pour pourvoir à leur subsistance et à celle des êtres auxquels ils donnent le jour, d'assister leurs semblables, etc. Il semblerait donc que les lois positives, dont l'objet est de reconnaître les droits et les devoirs et d'en assurer l'observation, dussent être partout et en tous temps uniformes. Cependant il n'en est rien. Chaque société a les siennes, qui diffèrent plus ou moins de celles des autres, et, dans la même société, les lois positives diffèrent d'une époque à une autre.

Comment s'expliquer ces différences? Comment se fait-il que les lois positives soient diverses et variables, puisqu'elles sont ou doivent être l'expression de droits et de devoirs immuables?

Ce phénomène tient, sans doute, en partie à ce que les lois positives, édictées par des hommes intellectuellement et moralement faillibles, sont trop fréquemment inspirées par des intérêts ou des passions qui les faussent; à ce que, sous l'influence d'intérêts prépondérants, la liberté et la propriété de certaines classes de la société sont déviées de leurs limites naturelles au détriment de la liberté et de la propriété des autres classes; mais cette cause n'est point la seule, et, alors même qu'elle viendrait à disparaître, la diversité et la mobilité des lois positives

continueraient de subsister, en présence de l'immua-
bilité des droits et des devoirs.

Cette diversité et cette mobilité — en laissant de
côté l'insuffisance de capacité et de moralité des
législateurs — ont leurs causes naturelles, d'abord
dans l'inégalité de la somme de capacité morale et
de sa distribution, ensuite dans les conditions diverses et changeantes de l'assurance des droits et des
devoirs, et des servitudes qu'elle nécessite.

La capacité morale diffère d'une société et d'une
époque à une autre. Son développement plus ou
moins hâtif est déterminé en partie par le climat, en
partie par la race. L'âge où l'homme devient capable
de se gouverner lui-même diffère aussi, naturellement, et la loi qui fixe la durée de la tutelle des
enfants doit se conformer à cette différence. De
même, dans certaines races, la capacité morale des
femmes est notoirement inférieure à celle des
hommes, tandis qu'elle s'en rapproche dans d'autres.
La capacité politique présente, dans sa distribution,
des inégalités encore plus manifestes : ici, elle est
concentrée dans un petit nombre de familles, tandis
que là, elle descend jusque dans les couches inférieures de la société. La capacité morale ou politique
varie de même d'une époque à une autre : en général,
elle va croissant et s'étendant, quoique, à certaines
époques de décadence, elle diminue et s'affaiblisse.
Les lois positives, qui subordonnent à cette capacité

l'exercice des droits et des devoirs, et la responsabilité qui y est naturellement attachée, doivent donc être diverses et changeantes.

Mais la cause principale de leur diversité et de leur mobilité réside dans les conditions essentiellement diverses et mobiles de l'assurance des droits et des devoirs contre toute atteinte intérieure ou extérieure, autrement dit dans la production de la sécurité.

Le gouvernement, chargé du service de la sécurité, est obligé de pourvoir aux frais de ce service. Ces frais sont plus ou moins élevés, selon les époques et les circonstances. Il y pourvoit par l'établissement de divers impôts. La perception de ces impôts implique, suivant leur nature, des restrictions plus ou moins étroites à l'exercice de la liberté et de la propriété des contribuables : ce sont des « servitudes fiscales ».

L'assurance de la vie, de la liberté et de la propriété individuelles ou collectives contre les atteintes auxquelles elles sont exposées dans l'intérieur de la société, nécessite des servitudes d'une autre sorte. Il faut que les assurés se résignent à subir les gênes et les restrictions qu'exigent la recherche et la répression des crimes et délits ; qu'ils consentent à se mettre à la disposition de la justice en lui apportant leur témoignage, etc.; enfin qu'ils se soumettent à ses verdicts : ce sont les servitudes judiciaires et pénales.

Enfin, l'assurance de la sécurité extérieure peut exiger l'établissement de restrictions, plus complètes et plus lourdes encore, à la liberté et à la propriété des assurés. Pendant une longue période et jusqu'à une époque récente, la guerre a été l'état normal des sociétés; la paix était l'exception, et, de nos jours encore, elle n'est que temporaire : le risque de guerre n'a pas cessé de subsister.

Dans cette période, où la sécurité extérieure se trouvait perpétuellement menacée, les sociétés se trouvaient dans une situation analogue à celle des villes assiégées ou en état de siège. L'exercice de tous les droits et l'accomplissement de tous les devoirs se trouvaient subordonnés aux nécessités de la défense. Pour être en mesure d'accomplir sa mission, le gouvernement devait être investi du droit de limiter tous les droits individuels, ou même d'en interdire l'exercice. Si l'exportation de certains articles nécessaires à la défense, tels que les munitions de guerre, lui paraissait nuisible; si l'importation d'autres articles, dans les courts intervalles de paix, lui semblait encore de nature à nuire à des industries locales dont l'existence était indispensable en temps de guerre, il devait être armé du pouvoir de faire des lois limitatives de la liberté des échanges. S'il avait, pour tout dire, besoin de limiter l'exercice de la liberté et l'usage de la propriété individuelle pour sauvegarder l'ensemble des libertés et des propriétés il devait en avoir le pouvoir. La loi positive continuait bien d'être l'expression des droits et des devoirs, mais sous déduction des servitudes économiques, politiques, militaires, qu'exigeait l'assurance des droits et des devoirs.

Cela étant, si l'on songe que les sociétés diffèrent et ont différé de tous temps, d'abord sous le rapport de la quantité et de la distribution de la capacité morale, ensuite sous le rapport des risques intérieurs et extérieurs auxquels la liberté et la propriété, individuelles ou collectives, y sont exposées ; si l'on songe encore que la quantité et la distribution de la capacité morale se modifient d'une époque à une autre, et qu'il en est de même des risques intérieurs et extérieurs qui menacent la sécurité de chacun et de tous, on s'expliquera que la loi positive ait dû différer d'un pays et d'une époque à une autre, bien que les droits et les devoirs des hommes soient partout et en tous temps invariables. C'est que la loi positive contient deux éléments : le droit ou le devoir naturel qu'elle reconnaît et garantit, et la servitude qui pèse sur le droit ou le devoir. Or, cet impôt sur la liberté et la propriété est essentiellement variable. Il varie avec les circonstances mobiles qui le nécessitent.

De là l'erreur des théoriciens qui nient l'existence des droits et des devoirs naturels, et font reposer tout l'édifice de la morale sur la volonté et les conventions des hommes, en arguant de la diversité et de la mobilité nécessaires des lois positives. Les hommes ne font pas le Droit et le Devoir; ils y ajustent, avec plus ou moins d'exactitude, leurs lois. Ce qu'ils font, et ce qui dépend de leur volonté, c'est l'ensemble variable des servitudes qu'ils imposent au Droit et au Devoir pour les garantir.

# CHAPITRE X

## Le droit des gens.

Raison d'être des lois positives. — Qu'elles ont, malgré leur imperfection rendu possible le maintien des sociétés. — Que l'humanité s'est partagée des l'origine en sociétés particulières. — Que ces sociétés se constituaient isolément et s'ignoraient jusqu'à ce que leurs intérêts vinssent à se heurter ou à s'accorder. — Qu'ils ont commencé par se heurter. — Pourquoi. — Facteurs qui ont contribué à étendre la sphère du droit au delà des frontières des sociétés : la guerre, la religion et le commerce. — Contradiction entre la condamnation du meurtre et du vol a l'intérieur et leur glorification a l'extérieur. — Explication de cette contradiction. — Que les hommes ne reconnaissaient aucun droit en dehors de leur société particulière — Comment la guerre a amené cette reconnaissance. — Les alliances Ce qui les a déterminées. — Qu'elles impliquaient la reconnaissance d'un droit et d'un devoir. — Que l'expérience démontrait la nécessité de respecter ce droit et de remplir ce devoir. — Les traités de paix. Leur raison d'être. — Les coutumes ou les usages de la guerre — Qu'ils ont eu pour origine l'utilité des belligérants — Que le respect du droit des ennemis et des neutres est mesuré à cette utilité. — Ce que demande en cette matière l'intérêt de l'espèce. — Comment la religion a étendu la sphère du droit et du devoir en dehors des frontières particulières de chaque société. — Que le commerce a été le principal facteur de cette extension. — Causes du développement du commerce et de son extension au delà des frontières des États — Que l'échange implique la reconnaissance de la liberté et de la propriété des échangistes. — Que l'expérience des avantages de l'échange a déterminé l'admission des étrangers dans l'enceinte de l'État. — Que le droit des gens ne possède encore ni un code ni une sanction universels.

Nous avons vu qu'en supposant que l'homme vive isolé, sa sphère d'activité n'aurait d'autres limites que celle de ses besoins. Mais dès l'origine de l'espèce

les hommes ont formé des sociétés, tant pour se défendre que pour améliorer leur condition par la division du travail et l'échange. Alors, leurs sphères d'activité individuelles s'étant juxtaposées, il a fallu les
délimiter et empêcher que les uns n'agrandissent la
leur au dépens de celle des autres, en reconnaissant
les limites de la liberté et de la propriété de chacun
et en les assurant contre toute atteinte. Telle a été
l'œuvre de la loi positive. Cette loi avait pour objectif
l'utilité de la société. Conçues par des hommes naturellement faillibles, bien qu'ils se crussent inspirés
par les Divinités, les lois étaient toujours plus ou
moins imparfaites, en ce qu'elles ne délimitaient pas
exactement la sphère naturelle de l'activité de tous
les membres de la société, autrement dit en ce qu'elles
n'étaient pas entièrement adéquates à leurs droits et
à leurs devoirs. Elles n'étaient pas non plus exactement obéies ; mais si imparfaites qu'elles fussent,
elles rendaient possible le maintien de l'association.
Plus la loi positive, dans ses diverses applications, se
rapprochait du droit naturel, mieux elle était obser-
vée, et plus tous les membres de l'association étaient
excités à exercer utilement leur activité par l'assurance d'en recueillir les fruits, plus la société croissait en nombre et en puissance.

Aussi loin donc que nous pouvons pénétrer dans le
passé, nous trouvons l'espèce humaine partagée en
une multitude de sociétés. Chacune de ces sociétés a sa

loi ou sa coutume, son gouvernement et ses Divinités qui se chargent de faire observer la loi en la sanctionnant. Cette loi, dont l'objectif est l'utilité particulière de la société, ne s'applique qu'à ses membres.

Ces différentes sociétés entre lesquelles se partageait l'espèce se constituaient isolément et elles s'ignoraient jusqu'au moment où leurs intérêts venaient à se heurter ou à s'accorder. Que leurs intérêts se soient heurtés avant de s'accorder, qu'elles aient d'abord lutté pour s'entre-détruire, en un mot qu'elles se soient fait la guerre avant de vivre en paix et d'échanger à leur mutuel avantage leurs services et leurs produits, cela résultait de la diversité de leurs aptitudes et de leurs conditions d'existence originaires. Les sociétés formées parmi les races d'une complexion vigoureuse et combative devaient trouver plus de profit à opérer des razzias chez les plus faibles, qu'à produire elles-mêmes leur subsistance, surtout à une époque où l'imperfection et l'insuffisance de l'outillage réduisaient au minimum la productivité du travail de l'homme. Pour les sociétés formées parmi les races de proie, la guerre était la plus productive des industries, et c'est pourquoi elles s'y livraient de préférence.

Trois facteurs ont contribué à étendre la sphère du droit et du devoir au delà des frontières des sociétés, originairement ennemies, et à créer le droit des gens. Le premier a été la guerre même; les deux autres ont été la religion et le commerce, et, en les analysant, on trouve qu'ils se rattachent à un mobile commun : l'utilité.

I. *La guerre.* — On a d'abord quelque peine à s'expliquer que la guerre ait pu contribuer à étendre les droits reconnus et garantis par la loi positive de chaque société, aux autres sociétés et à leurs membres, car la guerre implique par sa nature même la méconnaissance et la violation de ces droits; n'a-t-elle pas pour objet le meurtre et le vol? Ces actes que la loi positive de toutes les sociétés interdit dans leur sein, elle les autorise et les glorifie, au contraire, quand ils sont commis au dehors. Comment s'expliquer cette contradiction? Elle s'explique par ce fait que les hommes ne reconnaissaient originairement aucun droit à ceux de leurs semblables qui vivaient en dehors de leur propre société, et ne se croyaient liés envers eux par aucun devoir. Ils les considéraient pour tout dire comme un gibier : tuer et dépouiller ce gibier étaient à leurs yeux des actes aussi légitimes que peut l'être pour un chasseur civilisé le meurtre d'un lièvre ou d'un chevreuil. Car, en dehors de leur société, les hommes étaient hors la loi, on ne leur reconnaissait pas plus de droits que nous n'en reconnaissons aux lièvres et aux chevreuils. On pouvait les tuer ou les réduire en servitude et employer pour les détruire ou les capturer toute sorte de ruses

, de pièges, comme s'il s'agissait d'animaux sauvages.

Comment donc la guerre a-t-elle pu étendre la sphère du droit et du devoir dans un domaine d'où elle semblait devoir à jamais les bannir? C'est encore « l'utilité » qui fournit l'explication de ce phénomène.

La guerre a d'abord pour objet le pillage et l'extermination des membres des sociétés étrangères, ensuite, lorsque les progrès de l'industrie eurent rendu l'esclavage profitable, leur asservissement, plus tard enfin leur exploitation au moyen de tributs et d'impôts. Cependant, lorsqu'une société ne se sentait pas assez forte pour accomplir seule son œuvre de pillage ou de conquête, ou bien encore lorsqu'elle était menacée par une société plus puissante, elle devait naturellement chercher des auxiliaires au dehors : de là les traités d'alliance. Mais toute alliance est un contrat, et tout contrat implique la reconnaissance d'un droit et d'un devoir, l'exercice de l'un, l'accomplissement de l'autre. Le droit est celui d'associer ses forces et ses ressources à celles d'autrui pour atteindre un but commun; il dérive, comme tous les autres droits, des droits naturels de liberté et de propriété des individus dont se compose chaque société. Le devoir est celui d'exécuter les clauses de ce contrat, conformément aux conventions faites. Et ces conventions mêmes sont dictées par l'utilité mutuelle de ceux qui les concluent. Une convention, comme tout autre marché, n'est possible qu'autant qu'elle est utile ou jugée telle par chacune des deux parties. Sans doute, cette utilité peut être inégalement partagée, et, comme dans tout autre marché encore, il y a un point où ce partage a son maximum d'utilité : c'est celui où il procure aux deux parties des avantages égaux, on dit alors qu'il est « juste ». Cependant, que le partage des avantages soit juste ou non, les deux parties ont le devoir d'exécuter le contrat. Ce devoir elles ne le remplissent pas toujours, mais l'expérience leur apprend que chaque fois qu'elles y manquent elles se nuisent à elles-mêmes en affaiblissant la confiance, qui est la condition nécessaire de toute convention.

La guerre n'engendre pas seulement les traités d'alliance ; elle engendre encore les traités de paix. Lorsqu'elle se prolonge entre deux adversaires de forces équivalentes, un moment arrive où, les sacrifices qu'elle leur impose dépassant les profits qu'ils en peuvent tirer, ils sont disposés à y mettre fin. Ils peuvent, à la vérité, renoncer simplement à faire des actes de guerre, mais dans ce cas, en l'absence de tout accord, de toute convention, ils restent exposés à une reprise soudaine des hostilités et sont obligés à prendre les précautions et à faire les dépenses nécessaires pour s'assurer contre ce risque. Ils s'épargnent, du moins en partie, cette dépense en concluant une trêve ou un traité de paix. Cette trêve ou ce traité implique encore la reconnaissance du droit de conclure un engagement et du devoir de le tenir.

La pratique de la guerre fait apparaître d'autres droits et d'autres devoirs, qui se manifestent sous forme de coutumes ou d'uságes. Telles sont les coutumes qui ont successivement adouci et humanisé, autant du moins qu'elle peut l'être, la pratique de la guerre : l'échange des prisonniers, le respect de la vie et de la propriété des populations inoffensives, de la propriété et du commerce des neutres. Ces coutumes impliquent la reconnaissance des droits et des devoirs dont la guerre a commencé par ne tenir aucun compte, et que les belligérants ne reconnaissent encore qu'autant que cela leur paraît utile. C'est ainsi qu'au lieu de massacrer les vaincus, parfois même de les manger, on les a épargnés pour en faire des esclaves, lorsque les progrès de l'industrie alimentaire accomplis par la substitution de l'agriculture à la chasse eurent rendu l'esclavage profitable. On a continué la même pratique après que l'esclavage eut disparu, mais toujours en vue de l'utilité : on a fait des prisonniers soit pour en obtenir une rançon, soit en vue de les échanger. Mais quand on juge plus utile de massacrer les prisonniers que de les épargner, on ne s'en fait pas faute, et il en est de même lorsqu'il s'agit de la propriété et de la vie des populations inoffensives. Quant aux droits des neutres, ils n'ont commencé à être reconnus et respectés que lorsque les neutres se sont avisés de se liguer et d'employer la force pour les faire reconnaître et respecter.

Cependant, au-dessus de l'intérêt bien ou mal entendu des sociétés particulières, apparaît l'intérêt de l'humanité. Cet intérêt demande que la destruction de la vie et de la propriété soit limitée à ce qui est strictement nécessaire pour atteindre la fin de la guerre ; il réprouve le massacre des prisonniers et le pillage des propriétés privées ; mais l'humanité n'a possédé jusqu'à présent qu'un seul instrument pour sauvegarder son intérêt, c'est l'opinion du monde civilisé, et cet instrument n'a encore qu'une bien faible efficacité.

II. *La religion.* — Le second facteur de l'extension des lois positives qui reconnaissent et garantissent les droits et les devoirs, en dehors de chaque société, c'est la religion. Aussi longtemps que les religions sont demeurées unies à l'État et confinées dans les limites du domaine de chaque société, la loi religieuse n'a reconnu des droits et des devoirs qu'aux membres de cette société. Mais il en a été autrement lorsque les religions, séparées de l'État dans le domaine civil, ont franchi les frontières de sa domination, et de particulières ou nationales sont devenues générales. Alors, la loi religieuse s'est également appliquée à ses fidèles, à quelque société politique qu'ils appartiennent, et elle les a soumis à ses commandements. D'abord ses prescriptions morales ne concernaient que ses fidèles; ensuite elles se sont étendues à la généralité des hommes; mais toujours dans la mesure de l'utilité de la religion : selon qu'une religion jugeait ou non utile le respect de la vie et de la propriété des schismatiques et des infidèles, elle reconnaissait et respectait leurs droits ou en autorisait la violation.

III. *Le commerce.* — Le troisième et le plus important des facteurs de l'extension des lois morales a été sans contredit le commerce. Lorsque l'industrie eut réalisé ses premiers progrès, lorsque la division du travail eut commencé à se développer et que les échanges se multiplièrent, des relations pacifiques fondées sur leur utilité mutuelle s'établirent entre les membres de sociétés différentes. D'abord confiné, par l'obstacle des distances et du défaut de sécurité, dans l'intérieur des frontières de chaque société, le commerce franchit ces frontières. L'agent principal de son expansion fut la diversité naturelle des productions et des aptitudes : les matières minérales, végétales et animales propres à la satisfaction des besoins des hommes sont inégalement distribuées dans les différentes régions de notre globe, et il en est de même des aptitudes productives des populations. Ici tel article de consommation peut être produit en échange d'une faible dépense de forces vitales et de peine, tandis que là il ne peut l'être qu'en échange d'une dépense plus considérable; là, au contraire, tel autre article peut être produit avec plus d'économie. L'échange de ces deux produits occasionne donc à ceux qui en ont besoin une épargne de travail et de peine. Mais l'échange implique, comme une condition nécessaire, la reconnaissance de la liberté et de la propriété des échangistes, et la garantie de l'une et de l'autre. Cette reconnaissance et cette garantie ont commencé par être implicites : chacun se reconnaissant et reconnaissant à l'autre partie le droit d'échanger ses produits, et se fiant à sa bonne foi pour l'accomplissement des conditions du marché. Les échanges se multipliant et les avantages que ces échanges procuraient aux différentes sociétés devenant plus sensibles, elles comprirent la nécessité de les assurer contre la tendance au vol, en obligeant leurs membres à remplir fidèlement leurs engagements avec les étrangers : c'était reconnaître les droits de ceux-ci. Allant plus loin, elles autorisèrent les étrangers à s'établir chez elles, en garantissant leur liberté et leur propriété, et à y importer leurs produits ou leurs services. Cette reconnaissance et cette garantie des droits des étrangers ont toujours été subordonnées, à la vérité, à ce que les sociétés considèrent comme leur intérêt ou leur utilité, mais elles ne se sont pas moins étendues et consolidées avec la sphère des échanges. Elles sont suspendues ou restreintes en temps de guerre, mais, en temps de paix, les étrangers sont placés généralement aujourd'hui sur le même pied que les nationaux, au point de vue de la reconnaissance et de la garantie des droits et des devoirs, exception faite des droits et des devoirs politiques. C'est au commerce qu'est due cette extension, aux étrangers, de la reconnaissance et de la garantie de la liberté et de la propriété, que la loi réservait d'abord exclusivement aux nationaux.

Le droit des gens ne possède point toutefois un code général, auquel toutes les nations soient tenues d'obéir. Chacune a le sien, qu'elle a édicté et qu'elle modifie suivant son intérêt particulier ou ce qu'elle croit être son intérêt. Ce code est plus ou moins conforme à l'intérêt général et permanent de l'espèce; mais il s'en rapproche continuellement. Un jour viendra sans doute où la loi positive sera partout l'expression des droits naturels des individus, sauf les servitudes nécessaires pour les garantir, et s'étendra à la généralité de l'espèce humaine.

# CHAPITRE XI

## Les rapports de la morale et de l'économie politique. La solidarité. — Le progrès.

Que le progrès économique suscite le progrès moral en le rendant nécessaire. — Que le progrès moral développe le progrès économique — Résultats bienfaisants de l'accord de ces deux sortes de progrès. — Retard actuel du progrès moral. — Aperçu des progrès que les arts de la production et de la destruction ont réalisés depuis un siècle, et de leurs conséquences. — L'extension de la sphère de la solidarité des intérêts. — Que les nations sont désormais intéressées à la prospérité les unes des autres. — Que la guerre a cessé d'être inévitable et fatale. — Que les nations civilisées n'ont plus à craindre un retour offensif de la barbarie. — Qu'elles sont les maîtresses du monde et qu'il dépend d'elles de conserver la paix — Qu'elles sont intéressées à l'assurer. — Causes de la crise que traversent actuellement les sociétés civilisées. — L'immoralité publique et privée. — Que la question sociale ne sera résolue que par l'accord du progrès moral avec le progrès économique.

Si l'on étudie à travers les âges le développement des deux parties de la morale, le Droit et le Devoir, on s'aperçoit que ce développement a été de tous temps suscité, comme il l'avait été à l'origine, par le progrès économique. Chaque fois qu'un progrès a été réalisé dans le matériel, les procédés et le mécanisme de la production, chaque fois que de nouvelles formes de propriété ont apparu et que les échanges dans l'espace et le temps se sont diversifiés et multipliés, il a fallu agrandir la sphère du droit et du devoir. Quand les relations commerciales ont franchi les frontières des sociétés en voie de civilisation, et à mesure qu'elles les ont dépassées davantage, il a fallu reconnaître aux étrangers les mêmes droits de propriété et de liberté qui étaient reconnus aux nationaux, et pratiquer à leur égard les mêmes devoirs.

Mais si le progrès économique suscite et étend le progrès moral, le progrès moral à son tour encourage et développe le progrès économique. Toute réforme qui rend la loi plus juste, qui rapproche la propriété et la liberté de l'individu de leurs limites naturelles, en supprimant les privilèges, les protections et les subventions qui étendent la propriété et la liberté des uns aux dépens de celles des autres, contribue à accroître la production, en augmentant la puissance du mobile qui excite à produire. Tout progrès de la moralité des populations qui détermine une observation plus exacte des engagements, un respect plus grand de la propriété et de la liberté d'autrui, une répulsion plus efficace de la paresse, de l'ivrognerie, de l'incontinence et des autres vices destructeurs des forces vitales, contribue au même résultat, en rendant le travail plus régulier et fécond, en encourageant la multiplication des capitaux et l'extension du crédit par l'abaissement des risques. En supposant que les lois et les règles de conduite, aussi bien celles qu'édictent et sanctionnent la religion, l'opinion et la conscience individuelle que celles qui sont édictées et sanctionnées par l'État, fussent l'expression exacte des droits et des devoirs, et que ces lois fussent strictement et universellement observées, les hommes jouiraient de tout le bien-être que comporte l'état d'avancement de leur industrie; ils auraient à souf. frir seulement des « nuisances » provenant du milieu, des intempéries, des inondations, des tremblements de terre, et ces nuisances, les progrès de la science et de l'industrie agissent incessamment pour les réduire et en atténuer les effets.

Malheureusement, cette hypothèse est loin de la réalité. Dans toutes les sociétés en voie de civilisation, le progrès moral est actuellement, et plus qu'il ne l'a été jamais, en retard sur le progrès économique, et c'est à ce retard qu'il faut attribuer, avant tout, le malaise profond auquel elles sont en proie et la crise qu'elles traversent.

Depuis un siècle, l'industrie humaine a réalisé des progrès sans précédents dans l'histoire. L'outillage et les procédés des arts de la production et de la destruction ont plus que décuplé de puissance. C'est une révolution économique, la plus profonde et la plus féconde qui se soit produite depuis celle qui a ouvert l'ère de la civilisation, en substituant des industries productives aux industries destructives auxquelles l'homme des premiers âges demandait sa subsistance. Les résultats actuels de cette révolution peuvent déjà nous donner une idée des changements qu'elle est destinée à apporter dans les conditions d'existence de l'humanité.

Les progrès des arts de la production, en augmentant la puissance productive de son travail, permettent à l'homme d'obtenir une quantité croissante des matériaux et des forces nécessaires à l'entretien de sa vitalité en échange d'une dépense décroissante. Mais c'est à la condition d'agglomérer davantage ses forces productives, de localiser économiquement ses industries et d'agrandir ainsi la sphère de ses échanges. Avant la révolution commencée par l'invention de la machine à vapeur, la sphère des échanges ne dépassait pas, pour la masse des produits agricoles et industriels, les limites d'une province ou même d'un canton ; ce n'était que par exception qu'elles franchissaient celles de l'État. Au XVII<sup>e</sup> siècle, le commerce extérieur de l'ensemble des États civilisés n'atteignait pas un milliard de francs ; il s'élève aujourd'hui à près de cent milliards, et il va se développant, d'un essor irrésistible, malgré les entraves douanières [1]. L'extension des marchés

---

[1] Nous n'avons pas de données positives sur la valeur du commerce des États civilisés, dans l'antiquité et au moyen âge. C'est seulement au commencement du XVII<sup>e</sup> siècle qu'apparaissent, en Angleterre, les premiers rudiments d'une statistique commerciale. En 1613, la valeur officielle des importations de l'Angleterre et du pays de Galles ne dépassait pas 2.141 151 liv. sterl., et celle des exportations 2 487 435 liv. sterl. En 1765, année où Watt prit son brevet pour la machine à vapeur, les importations s'élevaient à 11 mil-

des capitaux et du travail n'a pas été moindre que celle des marchés des produits. Les capitaux anglais, français, belges, suisses, etc., se répandent sur tous les points du globe. et l'émigration européenne vers les régions du nouveau monde a passé du chiffre insignifiant de 10,000 individus en 1820 à plus d'un demi-milliard. Cet agrandissement de la sphère où se meuvent les produits, les capitaux et le travail, a une conséquence morale et économique dont on n'apprécie peut-être pas encore assez toute la portée,

lions 812 000 liv. sterl., et les exportations à 15.763.000 liv. sterl. Enfin, en 1875, cent dix ans après la prise du brevet de Watt, les importations s'elevent à 373.941.325 liv. sterl , et les exportations des seuls produits anglais à 223.494.570 liv. sterl., formant un énorme total de pres de 15 milliards de francs. Dans les autres États civilisés, ou la grande industrie s'est implantée, en France, en Belgique, en Suisse, en Allemagne, aux États Unis, la progression n'a guere été moindre. Récemment, un statisticien autrichien, M. Neumann Spallart, évaluait le mouvement commercial du globe à 78 milliards 700 millions, dont 44 pour l'Europe et 10 pour l'Amérique. (*L'Évolution politique du XIX<sup>e</sup> siècle*, p. 82 )

M. le professeur Franz von Juraschek, de Vienne, qui continue les publications statistiques de M Neumann Spallart, donne, dans le cahier de 1892 des *Geographisch Statistische Tabellen*, un tableau du commerce extérieur des divers États des cinq parties du monde. En voici le résumé :

|  | Millions de francs | |
| --- | --- | --- |
|  | IMPORTATION | EXPORTATION |
| Europe... ........, ..... .... | 34 064 | 27.668 |
| Amérique.. ...... ......... | 8.182 | 8.170 |
| Asie...... . . ... ....... ... | 4.789 | 4 807 |
| Afrique........, .. . ...... .. | 1.122 | 1.087 |
| Australie et Océanie ... . ..... | 1.752 | 1.502 |
| Monde entier........ .. | 49 929 | 43 294 |
| Total........... | 93.223 | |

(*Bulletin de Statistique et de Législation comparées*. Septembre 1892.)

nous voulons parler de l'extension de la solidarité des intérêts.

Sous l'ancien régime de la production et de l'échange, la solidarité des intérêts demeurait confinée dans l'intérieur des frontières de chaque nation. Elle avait sa source à la fois dans l'échange des produits et des services, et dans l'intérêt de la sécurité commune. Cette solidarité n'était pas seulement restreinte, elle était encore exclusive et même entachée d'antagonisme à l'égard de l'étranger. Comme il n'existait entre les membres de nations différentes que de rares relations d'affaires, ils n'étaient point intéressés en tant que producteurs et consommateurs, à leur prospérité mutuelle. Il leur était indifférent que les étrangers fussent industrieux ou non, riches ou pauvres, puisque la richesse ou la misère du dehors ne pouvait ni accroître ni diminuer la richesse ou la misère du dedans. En tant que citoyens ou sujets, ils étaient plutôt intéressés à l'appauvrissement des nations étrangères, et cet intérêt allait même croissant à mesure que le perfectionnement de l'outillage de la guerre exigeait davantage le concours des capitaux et du crédit.

Sous le nouveau régime de la production et de l'échange, depuis que la pénétration réciproque des produits, des capitaux et du travail a commencé à mettre en communication et à internationaliser les marchés auparavant isolés, la solidarité des intérêts agricoles, industriels, financiers, ouvriers, a cessé d'être presque exclusivement nationale, pour devenir universelle. Il y a déjà, au moment où nous sommes, dans les pays les plus avancés en industrie, des millions d'individus qui dépendent de l'étranger pour les moyens d'acquisition de leur subsistance et pour cette subsistance même, qui se trouvent ainsi intéressés à l'accroissement de la consommation de leurs clients et de la production de lèurs fournisseurs, partant, de leur richesse [1]. Toutefois, leur intérêt comme citoyens ou sujets se trouverait sur ce point en opposition avec leur intérêt comme producteurs et consommateurs, si la guerre continuait d'être dans l'avenir ce qu'elle était dans le passé : inévitable et fatale, si les sociétés civilisées devaient être perpétuellement exposées à être conquises, asservies ou détruites par les barbares. Mais ce risque, après s'être affaibli successivement, a complètement disparu, sous l'influence des progrès de l'industrie de la destruction.

[1] On peut calculer que chaque million de produits importés ou exportés fournit, sous forme de profits, d'intérêts, de rentes et de salaires, des moyens d'existence à un million d'individus. A ce compte, les 8 milliards du commerce extérieur de la France, se partageant à peu près par moitié entre les importations et les exportations, il y aurait 4 millions d'étrangers qui se procureraient leurs moyens d'existence en travaillant pour la France, et 4 millions de Français, soit 1/9 environ de la population, qui trouveraient les leurs en travaillant pour l'étranger.

En Angleterre et en Belgique, la proportion est encore plus élevée; on peut l'évaluer au quart de la population.

(« Journal des Économistes », *La Réaction protectionniste*. septembre 1892 )

Depuis l'invention des armes à feu et surtout depuis les progrès récents du matériel de guerre, la puissance destructive des nations civilisées s'est accrue dans des proportions au moins aussi considérables que leur puissance productive. Ce progrès que déplorent des philanthropes à courte vue, a eu deux conséquences également importantes et bienfaisantes : la première a été d'assurer, d'une manière définitive, la civilisation contre les retours offensifs de la barbarie, en plaçant entre les mains des nations civilisées un instrument de défense et de domination qui exige, pour être créé et mis en œuvre, une science, des capitaux et des forces morales qu'elles possèdent seules et que les peuples moins avancés ne peuvent acquérir qu'en s'élevant à leur niveau. La seconde, c'est de faire dépendre la paix ou la guerre de leur volonté, à une époque où les progrès des industries productives et de la solidarité internationale des intérêts leur commandent chaque jour plus impérieusement de vouloir la paix.

Avant la transformation progressive du matériel de guerre, lorsque la vigueur et le courage physiques étaient les principaux facteurs de la puissance destructive, les peuples barbares trouvaient généralement plus de profit à les mettre en œuvre pour s'emparer des fruits de la production d'autrui, qu'à produire eux-mêmes. La guerre, qui était pour eux la plus productive des industries et qu'ils considéraient à ce titre comme la plus honorable, menaçait alors continuellement les nations civilisées, et il ne dépendait pas d'elles de l'éviter. La situation a changé du tout au tout depuis que l'outillage de la destruction exige, pour être créé, la coopération des capitaux et de la science; pour être efficacement desservi, l'emploi de la force morale. Sous l'influence de ce progrès, les nations civilisées ont acquis, dans l'art de la guerre comme dans les autres, une supériorité telle qu'elles ont pu, en n'employant qu'une faible partie de leurs forces, envahir le domaine des peuples envahisseurs et étendre leur domination sur la plus grande partie du globe. Mais tandis que la guerre était pour les peuples barbares la plus productive des industries, elle est pour les nations civilisées doublement onéreuse, non seulement par les dépenses croissantes qu'elle nécessite, mais encore par les perturbations de plus en plus étendues qu'elle occasionne. A l'époque où les échanges n'avaient débordé que par exception des frontières des États, la guerre, en interrompant la production, en moissonnant les hommes, en détruisant la richesse, ne causait cependant que des dommages locaux: les belligérants seuls en souffraient. Depuis que les échanges ont couvert le monde d'un réseau d'intérêts entrelacés, toute guerre étend son influence perturbatrice dans l'ensemble des marchés, maintenant en communication, des produits, des capitaux et du travail; elle affecte les moyens d'existance de centaines de millions d'individus qui subissent directement ou par répercussion le dommage des perturbations qu'elle détermine dans la production et l'échange. Aucune nation n'est donc plus intéressée à faire la guerre, puisqu'elle ne couvre plus ses frais; toutes sont intéressées à l'empêcher, puisqu'elle cause aux neutres aussi bien qu'aux belligérants un dommage inévitable [1].

En présence de ces progrès extraordinaires des arts de la production et de la destruction, les uns qui ont accru dans des proportions énormes le pouvoir de créer de la richesse, les autres qui ont assuré la sécurité de la civilisation et mis fin à la fatalité de la guerre, il semblerait que les nations civilisées

[1] Voici, d'après le *Financial Reforme Almanac* le relevé des charges que supporte actuellement l'Europe, principalement du chef des guerres passées et de la préparation des guerres futures :

| | | | | |
|---|---|---|---|---|
| Population de l'Europe | | 346.025.000 habitants. | | |
| Dette nationale | | 110 milliards | 380 | millions. |
| Dépenses publiques | 15 | — | 404 | — |
| Intérêts des dettes nationales.. | 5 | — | 71 | — |
| Dépenses militaires et navales | 4 | — | 2 | — |
| Armées sur pied | | 3.800 045 hommes. | | |
| Total des forces militaires en y comprenant l'armée sur pied et les réserves | | 12 454.867 | — | |
| Officiers et marins | | 280.534 | — | |

Ces chiffres, qui remontent déjà à quelques années, sont inférieurs aux chiffres actuels. Quant aux frais et dommages causés par la guerre et la préparation à la guerre, pertes de travail, destruction des propriétés, interruption du commerce, crises financières et autres, il est impossible d'en faire le compte, mais ils dépassent certainement de beaucoup le montant des dépenses militaires et des dettes.

dussent jouir d'un bien-être qu'elles n'avaient jamais connu et même cru possible, et que ce bien-être généralement répandu dût provoquer toute une efflorescence de sentiments de sympathie et de concorde entre les individus et les peuples désormais solidaires. Comment donc s'expliquer la crise de malaise et de mécontentement qu'elles traversent et la recrudescence des discordes intérieures et des haines nationales ?

Cette explication est tout entière dans le retard du progrès moral sur le progrès économique. La production s'est accrue, la richesse s'est multipliée, la solidarité s'est étendue, la guerre a cessé d'être nécessaire pour assurer l'existence de la civilisation, mais le gouvernement collectif et individuel ne s'est pas encore adapté aux nouvelles conditions d'existence que le progrès économique à faites aux sociétés et aux individus. L'observation des droits et des devoirs collectifs et individuels n'a réalisé aucun progrès appréciable; on pourrait soutenir même que si elle a progressé sur quelques points, en matière de tolérance par exemple, elle a rétrogradé sur d'autres.

Au lieu d'ajuster plus exactement les lois positives aux droits naturels des individus, que font les gouvernements? Ils étendent arbitrairement, chaque jour, par des lois de monopole et de protection, la propriété et la liberté des uns aux dépens de celles des autres, ils protègent les profits des industriels et les rentes des propriétaires contre les salaires des ouvriers, en attendant que les ouvriers, devenus les maîtres de la machine à faire les lois, protègent leurs salaires aux dépens des profits des industriels et des rentes des propriétaires ; ils vouent toutes les existences à une instabilité permanente, tantôt en élevant, tantôt en abaissant les obstacles qu'ils ont dressés contre la liberté du travail et de l'échange. Au lieu de s'accorder pour assurer la paix comme elle pourrait l'être avec un minimum de dépense, ils aggravent continuellement le fardeau de la préparation à la guerre, en attendant de la déchaîner, plus destructive et sanglante que jamais, sur le monde civilisé. Partout, les classes gouvernantes ont en vue uniquement leurs intérêts actuels et égoïstes, et se servent de leur pouvoir pour les satisfaire sans s'inquiéter de savoir s'ils sont conformes ou non à l'intérêt général et permanent de la société.

La morale individuelle a-t-elle progressé plus que la morale collective des nations et de leurs gouvernements ? La multitude, hâtivement émancipée de la tutelle de la servitude, a-t-elle acquis la capacité nécessaire à l'exercice de la liberté et du gouvernement utile de soi-même ? Les progrès de l'intempérance, des manquements aux devoirs de famille et à la probité dans l'exécution des engagements, l'accroissement de la criminalité attestent que la moralité des classes inférieures n'a pas moins baissé que celle des classes supérieures. Si l'on songe enfin que les nuisances causées dans chaque pays par les lois qui étendent les droits des uns aux dépens de ceux des autres, par le sacrifice de l'intérêt général aux intérêts particuliers, par les vices publics et privés, si l'on songe, disons-nous, que ces nuisances se répercutent, sous l'influence du développement de la solidarité des intérêts, dans toutes les parties du monde civilisé, on s'expliquera la crise et le malaise auxquels toutes les sociétés sont en proie, et qui ont donné naissance à ce qu'on est convenu d'appeler la question sociale.

Cette question, dont les socialistes demandent en vain la solution à une révolution, elle ne pourra être résolue que par une série de réformes collectives et individuelles qui accordent le progrès moral avec le progrès économique.

# CHAPITRE XII

## Résumé.

C'est une loi de la nature, que toutes les espèces pourvues de vie soient soumises à la nécessité de réparer et de renouveler leurs forces vitales par l'assimilation de forces de même sorte. Elle les avertit de cette nécessité par une sensation de peine, et, lorsqu'elles y pourvoient, par une sensation de plaisir. Mais elle ne leur fournit point gratuitement la plupart de ces matériaux, elle les oblige à mettre en œuvre pour les acquérir les forces mêmes qui demandent à être réparées, et à en dépenser préalablement une partie. Cette mise en œuvre et cette dépense constituent le « travail » et déterminent une sensation de peine, tandis que l'assimilation des matériaux acquis déterminent une sensation de plaisir. En conséquence, toutes les créatures vivantes s'efforcent d'obtenir en échange d'une somme décroissante de travail, une quantité croissante de matériaux de réparation de leurs forces vitales. C'est la loi de l'économie des forces, et c'est le moteur de tous les progrès.

Mais les espèces inférieures, végétales et animales, n'ont qu'une capacité de progrès bornée, en ce qu'elles ne possèdent point le pouvoir de reproduire et d'accroître les matériaux de vitalité qu'elles consomment ; elles ne possèdent que le pouvoir de détruire. Leur subsistance, par conséquent aussi leur multiplication, se trouvent ainsi contenues dans des limites qu'elles ne peuvent franchir, et leur activité est absorbée d'un côté par la recherche de la nourriture et, chez les espèces supérieures, la construction d'un abri, d'un autre côté par la nécessité de se défendre contre les espèces qu'elles alimentent ou qui leur font concurrence pour s'alimenter. Dans cette sphère étroite où se meut leur activité, il leur suffit de laisser agir les instincts et les forces dont elles sont douées. Ces instincts et ces forces ont été adaptés dès leur origine à un travail qui ne change point de nature. Elles n'éprouvent donc point la nécessité de s'en emparer pour leur imprimer une autre direction et les affecter à un autre emploi.

Aussi longtemps que les hommes demandent leur subsistance, comme les espèces inférieures, à des industries destructives, il leur suffit de même de laisser agir les instincts et les forces qui constituent leur être pour pourvoir à leurs besoins. Mais l'espèce humaine est douée de facultés que ne possèdent point les espèces inférieures. En les mettant en œuvre sous l'excitation du mobile de l'économie des forces, elle découvre des matériaux et invente des outils qui lui permettent de substituer aux industries destruc-

tives qu'elle pratiquait à l'origine, des industries productives. Ces industries nécessitent un changement
dans la nature du travail humain et dans les conditions où il s'exerce. Il faut que l'homme s'empare
de ses facultés et les maîtrise pour les appliquer à
leur nouvel emploi, en dépit des résistances d'une
routine séculaire. Il faut encore qu'il les adapte à des
conditions nouvelles et différentes d'exploitation et
d'existence. La chasse et la « cueillette » des fruits et
des racines ne demandaient qu'une appropriation
commune au troupeau ou à la tribu; la culture du
sol nécessite une appropriation individuelle. Les produits de la chasse et de la cueillette étaient obtenus
immédiatement par le travail du jour et devaient être
consommés de même. Les produits de la culture du
sol ne pouvaient être obtenus qu'au bout du long
espace de temps qui s'écoule entre le défrichement,
l'ensemencement et la récolte; en revanche, ils pouvaient se conserver et s'accumuler. Mais si l'industrie
agricole impliquait ce changement radical dans la
nature du travail et les conditions de l'appropriation,
elle procurait, en échange de la même dépense de
forces et de peine, une quantité de produits infiniment
supérieure à celle que fournissaient les industries
primitives de la chasse et de la cueillette; et cet
accroissement des résultats de la production alimentaire, qui permettait de nourrir plusieurs individus
avec le produit du travail d'un seul, rendait possible

la création d'autres industries destinées à satisfaire d'autres besoins.

Elle faisait surgir aussi d'autres nécessités. L'appropriation individuelle des instruments de travail et des approvisionnements impliquait d'abord la reconnaissance, la délimitation et l'assurance de la propriété des agriculteurs, c'est-à-dire le droit d'occuper et d'exploiter à leur profit exclusif une partie du domaine commun de la tribu, avec l'obligation ou le devoir, pour les autres membres de la tribu, de respecter ce droit. Le phénomène de la division du travail et l'apparition successive des industries que faisait surgir l'excédent des produits de l'exploitation agricole sur les besoins alimentaires des producteurs, impliquaient ensuite la liberté et le droit de disposer de cet excédent par voie d'échange, de prêt, de don ou de legs, avec le devoir correspondant. Enfin, la nouvelle industrie alimentaire ne donnant point, comme l'ancienne, immédiatement ses fruits, et exigeant l'emploi d'un matériel d'exploitation, dont la confection demandait une somme relativement considérable de travail et de temps, il fallait que ceux qui la pratiquaient réglassent leur production et leur consommation de manière à subvenir à ces nécessités nouvelles; qu'ils imposassent une mesure et un frein à leurs appétits actuels, en vue de faire durer leurs approvisionnements jusqu'à la récolte suivante et de pourvoir à leur subsistance pendant le temps nécessaire à la confection ou à la réparation de leur outillage. La nécessité de l'épargne née des conditions de durée de l'opération de la production et de la nature de son outillage, engendrait, à son tour, et imposait à chacun le devoir de régler et de contenir ses appétits.

D'autres nécessités issues du même progrès économique faisaient surgir d'autres devoirs. La substitution d'une industrie productive aux industries destructives de l'animalité inférieure, en augmentant la masse des subsistances et en déterminant la création d'une série de métiers, d'arts et de professions destinés à pourvoir à des besoins physiques et moraux qui ne pouvaient être satisfaits auparavant, faisait croître la société en richesse et en population. Les individus qui par leur travail, leur prévoyance, le règlement utile de leurs appétits, créaient et accumulaient de la richesse, étaient exposés à en être dépouillés par ceux qui ne possédaient point la capacité physique et morale qu'exigeait son acquisition et sa conservation. La société elle-même, en s'enrichissant par l'exercice des industries productives, était exposée aux agressions de celles qui les exerçaient avec moins de profit dans des régions moins fertiles ou qui continuaient à pratiquer les industries destructives. D'où la nécessité, partant, le devoir, d'une part, de défendre les individus et la société elle-même contre les agressions du dedans et du dehors; d'une autre part, de secourir ceux que leur défaut de capacité, quelque accident ou revers de fortune laissait sans moyens d'existence. C'est ainsi que le progrès économique faisait apparaître successivement, dans la mesure de leur caractère de nécessité, l'ensemble des droits et des devoirs qui sont la matière de la Morale.

Ces droits et ces devoirs, il fallait les reconnaître, les délimiter et en assurer l'observation. Tel fut l'objet des lois positives, des coutumes ou des usages. Lois et coutumes ne créaient ni le droit ni le devoir; elles les exprimaient et les sanctionnaient au moyen d'un appareil de châtiments et de récompenses, de peines et de plaisirs, dépassant, les uns le plaisir que pouvait produire l'atteinte au droit, les autres la peine que pouvait nécessiter l'observation du devoir. Le mécanisme de l'établisssement des lois, coutumes et usages et de leurs sanctions avait pour facteurs et pour instruments le gouvernement divin et humain de la société, l'opinion et la conscience individuelle. Ce mécanisme était plus ou moins parfait : les lois édictées, au nom de divinités infaillibles, mais par des hommes faillibles, s'écartaient plus ou moins des droits et des devoirs tels qu'ils ressortent de la nature de l'homme et des conditions d'existence que lui a faites le progrès économique, en le séparant et en l'élevant au-dessus de l'animalité. Plus elles en étaient l'expression exacte, plus elles étaient

« justes », et efficacement sanctionnées, plus elles
étaient utiles, c'est-à-dire conformes à l'intérêt de la
société et de l'espèce.

C'est ainsi que le progrès économique a suscité le
progrès moral en le rendant nécessaire. Jusqu'à ce
qu'il ait été pourvu à cette nécessité par l'adaptation
du gouvernement collectif et individuel aux nouvelles
conditions d'existence, que l'accroissement de la
puissance productive et destructive a faites à l'espèce
humaine, cet accroissement se trouve ralenti et ses
résultats sont, pour la plus grande part, affectés à des
destinations nuisibles. Telle est la cause de la crise
que traversent actuellement les sociétés civilisées, et
à laquelle l'accord du progrès moral avec le progrès
économique pourra seul mettre fin.

FIN

# TABLE DES MATIÈRES



## I

## L'ÉCONOMIE GÉNÉRALE DE LA NATURE

**CHAPITRE PREMIER. — L'économie générale de la nature.**



**CHAPITRE II. — Le gouvernement des espèces inférieures.**

## CHAPITRE III. — Le gouvernement de l'espèce humaine

# II

# L'ÉCONOMIE POLITIQUE

## CHAPITRE PREMIER. — Les moteurs et l'objet de l'activité humaine.



## CHAPITRE II. — L'association des forces productives et la division du travail. — L'échange. — La valeur. — La loi de l'offre et de la demande.

## CHAPITRE IX. — La part du capital personnel.



## CHAPITRE X. — La part du capital immobilier.

## CHAPITRE XI. — La part du capital mobilier.

## III

# LA MORALE

**CHAPITRE II. — Comment la reconnaissance et l'assurance du Droit et du Devoir se sont imposées aux sociétés en voie de civilisation.**



**CHAPITRE III. — Mécanisme de la reconnaissance et de l'assurance du droit et du devoir.**

## CHAPITRE VI. — Les droits politiques.

## CHAPITRE X. — Le droit des gens.

## CHAPITRE XI. — Les rapports de la morale et de l'économie politique. — La solidarité. — Le progrès.



## CHAPITRE XII. — Résumé . . .. 257

IMPRIMERIE DE SAINT-DENIS. — H. BOUILLANT, 20, RUE DE PARIS.

# Librairie GUILLAUMIN et Cⁱᵉ, 14, rue Richelieu

**Nouveau Dictionnaire d'Économie politique**, publié sous
la direction de MM. **Léon Say** et **J. Chailley**. 2 vol gr. in-8º.
Prix, broché . . . . . . . . . . . . . . . . . . . . . 55 fr.
Demi-reliure veau ou chagrin. . . . . . . . . . . , 64 fr.

**Géographie commerciale**, par **Charles Duffart**, Membre de
la Société de Géographie commerciale de Bordeaux. *Ouvrage
accompagné de 26 planches hors texte, contenant 37 cartes en
couleurs gravées sous la direction de l'Auteur.* 1 fort vol in 8º
raisin Prix. . . . . . . . . . . . . . . . . . . . 10 fr.

**La Société moderne :** *Études morales et politiques*, par
**Courcelle-Seneuil**, Membre de l'Institut. 1 fort vol. in-18.
Prix . . . . . . . . . . . . . . . . . . . . . . . . 5 fr.

**Questions financières :** *Le Budget, ce qu'il est, ce qu'il peut
être*, par M. **E. Cohen**. 1 vol. in-18. Prix. . . . . . . . 3 fr. 50

---

## COLLECTION D'AUTEURS ETRANGERS CONTEMPORAINS

**Interprétation économique de l'Histoire**, par **Thorold
Rogers**, professeur d'Economie politique a l'Université d'Oxford. Traduction et Introduction par M. E. Castelot, ancien
Consul de Belgique. 1 vol in-8º cartonné. Prix. . . 10 fr

Questions sociales d'aujourd'hui : **Le Passé et l'Avenir des
Trades Unions**, par **Howell**, Membre de la Chambre des
Communes, Traduction et Préface de M. Le Cour Grandmaison,
député 1 vol. in-8º, cartonné. Prix . . . . . . . . . 7 fr.

**Théorie des changes étrangers**, par **Goschen**, Chancelier de
l'Echiquier. Traduction et Préface de M. Léon Say, Membre
de l'Académie française. 3ª édition française, suivie du
*Rapport de 1875 sur le Payement de l'Indemnité de guerre*,
par le même, 1 vol in-8º. cartonné. Prix. . . . . . . . 8 fr.

**Justice**, par **Herbert Spencer**. Traduit par M. E. Castelot,
ancien Consul de Belgique. 1 vol. in-8º, cartonné et orné d'un
portrait Prix. . . . . . . . . . . . . . . . . . . . 9 fr.

**La Lutte des Races**, Recherches sociologiques, par **L. Gumplowicz**, Professeur de Sciences politiques à l'Université de
Graz. Traduit par M Charles Baye. 1 vol. in-8º, cartonné
Prix. . . . . . . . . . . . . . . . . . . . . . . . . 9 fr

---

IMPRIMERIE DE SAINT-DENIS. — H. BOUILLANT, 20, RUE DE PARIS